성공하고 싶다면 오피던트가 되라

성공하고 싶다면
오피던트가 되라

판 1쇄 인쇄   2010년 12월 5일
판 17쇄 인쇄   2024년 02월 19일

지은이 임관빈
펴낸이 김경수
제 작 ㈜팩컴코리아
펴낸곳 팩컴북스
출판등록 2008년 5월 19일 제81-2005-000074호
주소 경기도 성남시 분당구 정자동 159-4 젤존타워 2차 8층
전화 031-726-3666
팩스 031-711-3653
이메일 bookhelp@gopacom.com

ISBM 978-89-97032-23-5

임관빈 장군이

초급간부들에게 전하는 참군인의 성공솔루션

임관빈 지음

팩컴북스

'성공하고 싶다면 오피던트가 되라'가 출판된 지 10년여가
되었다.

오피던트(Offident)는 내가 이 책을 쓰면서 영어의 장교인
Officer와 학생인 Student를 합성하여 만든 신조어로서 군의
간부로서 성공하고 싶다면 학생과 같은 자세로 끊임없이 인격과
지식을 갈고 닦는 사람이 되어야 한다는 메시지를 담은 것이다.

그동안 군의 많은 지휘관과 간부들이 이러한 저자의 뜻에 적극
공감하며 뜨거운 관심과 찬사를 보내주셨다. 간부들에게 해주고
싶은 말을 이 책이 잘 담고 있어서 부하 간부들에게 선물로
주고 있다는 많은 지휘관들의 편지가 있었고, 또 이 책을 읽고
장교로서의 꿈을 이루게 되었다는 해군 소위의 편지를 비롯하여
많은 초급간부들로부터도 이 책을 군 생활의 지침으로 삼고
있다는 메일과 편지를 받았다. 어떤 학군단에서는 장교 후보생의
필독서로 선정하고 독후감을 쓰기도 했다는 이야기도 들었다. 이
책을 쓴 보람과 기쁨이 크지 않을 수 없다.

이 책으로 인해 2013년 10월 말 국방부 정책실장을 끝으로
42년간의 군 생활을 마친 후에도 육해공군의 많은 군부대와
교육기관에서 초빙 강의를 하였고, 2022년에는 일본어판까지
출판되어 일본 자위대 간부들에게도 적극 추천된 책이 된 것은
참으로 뜻깊은 일이 아닐 수 없다.

이 글을 빌어 그동안 뜨거운 관심과 성원을 보내주신 모든 분들께 마음 깊이 감사를 드린다.

책이 나온 지 10년여가 흐르면서 간부들에게 조금이라도 더 도움이 되도록 하고 싶은 내용이 생겨서 '군인으로서 진정한 성공의 의미', '인생에서도 전략적 마인드가 필요한 이유' 그리고 '리더에게 필요한 인격의 덕목' 등을 좀 더 보완 하여 이번에 개정판을 발간하게 되었다.

역사를 보면 어느 나라나 강한 군대는 훌륭한 인격과 군사적 혜안을 가진 장교들에 의해 만들어졌다. 이 책이 나라의 간성인 장교는 물론 군의 또 하나의 중추인 부사관들이 나라를 확고히 지킬 수 있는 강한 군대를 만들고 참군인으로서 개인적인 꿈도 이루는 데 도움이 되기를 소망한다.

나는 부족함이 많은 사람이다. 그러니 군인으로서 훌륭한 모범을 보인 다른 사람들의 이야기도 더 많이 들어서 여러분의 꿈을 이루는데 필요한 고매한 인격과 지혜를 알차게 갖추기를 바란다.

우리 군의 무궁한 발전과 나라의 간성인 군 간부들의 무운장구를 기원하며, 나 또한 대한민국의 자랑스러운 군인으로서 남은 인생도 우리 군과 후배들을 위해 최선을 다할 것을 다짐한다. 초판에 이어 개정판이 나오도록 애써주신 팩컴코리아 김경수 사장님과 편집팀에게도 감사의 말씀을 드린다.

2022년 새봄에

청춘들을 사랑한 장군 임 관 빈

| Contents |

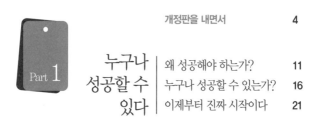

성공으로 이끄는 7가지 원리

Part 2

Part 1

누구나
성공할 수
있다

O F F I D E N T

생각과 자세만 바꾸면 누구나 성공할 수 있다
성공한 사람들의 남다른 2%는 긍정적 사고, 일에 대한 열정,
그리고 절대 포기하지 않는 불굴의 의지였다.

O F F I   D E N T

왜 성공해야
하는가?

일회적 인생 (一回的人生)

우리 인간에게 있어서 가장 확실하고도 예외가 없는 명제(命題)는 '인간은 단 한 번 산다'는 것이다. 중국 역사상 최초의 통일국가를 이루어 무소불위(無所不爲)의 권력을 누렸던 진시황도 50세를 넘지 못하고 죽었다. 생전에 살아있는 신으로 추앙받던 종교지도자들도 죽음을 피해 가지 못했고 돈이라면 무엇이든 할 수 있을 것 같았던 억만장자들도 죽음 앞에서는 거지와 다를 바가 없었다. 이처럼 인간은 누구나가 한 번밖에 살 수 없는 태생적 한계를 가지고 있다. 그래서 우리는 '일회적 인생'이라고 한다. 인생에는 리허설이 없는 것이다.

그렇다면 한 번밖에 살지 못하는 삶을 어떻게 살아야 하겠는가? 나는 학생들을 대상으로 초빙 강의를 할 기회가 여러 번 있었는데 이때마다 학생들의 흥미도 유발하고 강의의 핵심 메시지를 잘 전달하기 위해 간단한 이벤트를 하곤 했다. 학생 한 사람을 지목해서 만 원짜리와 천 원짜리 중에서 하나를 선택해서 가지도록 하는 것이다. 그리고 기회는 한 번뿐 임을 주지시킨다. 결과는 뻔하였다. 학생들은 한 명도 예외 없이 만 원짜리를 선택하였다.

왜 그들은 하나같이 만 원짜리를 선택했을까? 그렇다. 만 원짜리는 천 원짜리 보다 훨씬 가치가 있기 때문이었다. 만일 학생에게 선택의 기회가 두 번 주어진다면 처음엔 장난삼아 천 원짜리를 선택했을 수도 있었을 것이다. 하지만 선택할 수 있는 기회가 단 한 번이었기에 그들은 예외 없이 가치가 큰 만원을 선택한 것이다.

그렇다면 한 번밖에 살지 못하는 우리의 소중한 삶을 어떻게 살아야 하는가에 대한 답이 분명해진다. 단돈 만 원을 놓고도 가치를 따지는데 한 번뿐인 내 인생을 어떻게 살아야 하겠는가? 두말할 나위가 없는 것이다. 우리는 한 번밖에 살지 못하기 때문에 반드시 '가치있게' 살아야 한다.

성공의 의미와 가치

사람은 누구나 한 번뿐인 인생을 가치 있게 살아야 하며, 또 대부분의 사람은 그렇게 살려고 노력한다. 또한 사람은 모둠 생활을 하는 사회적 동물이므로 이러한 가치 있는 삶의 추구도 사회적 활동을 통해서 이루게 되며, 이러한 사회적 활동을 통해서 자신이 추구하는 가치를 실현하는 것을 우리는 성공이라고 한다.

사람마다 추구하는 가치에 따라 성공의 형태도 여러 가지로 나타나게 된다. 어떤 사람은 높은 지위에 오르는 것이 성공이고, 어떤 사람은 사업을 일으켜서 부자가 되는 것이 성공이며, 또 어떤 사람은 과학, 예술, 체육 활동 등에서 자기의 재능을 잘 발휘하여 세상에 이름을 날리는 것을 성공이라고 생각한다.

이처럼 사람들이 성공을 추구하는 것은 개인적으로 볼 때는 인본주의 심리학자 매슬로가 이야기하는 인정과 자아실현의 욕구를 구현하는 것으로 매우 자연스럽고 당연한 현상이라고 할 수 있다.

또한, 지금까지 인류가 이룩한 모든 발전과 물질적·정신적 풍요로움은 이러한 개인들의 성공에 대한 강한 욕구와 열정의 산물인 경우가 많았다. 그리고 내가 꿈을 이루면 그것이 또 내 뒤에 오는 누군가의 새로운 꿈이 되는 것이다. 이렇게 볼 때 성공은 개인적인 가치 추구와 꿈을 이루기 위해서뿐만 아니라 국가와 인류의 발전을 이룩하기 위해서도 반드시 필요하고, 또 권장되어야 하는 것이다.

군인으로서의 진정한 성공

나는 군인의 길을 걷는 사람도 당연히 성공을 추구하여야 한다고 생각한다. 군대는 어느 조직보다 위계질서가 명확한 계급사회다. 그래서 군대에서는 계급과 지위가 올라가는 것을 성공이라고 자연스럽게 생각할 수 있다. 그것은 틀린 말이 아니고 나쁜 것도 아니다. 앞에서 논한 바와 같이 계급과 지위가 올라가는 것은 그만큼 자신의 꿈을 크게 구현하고 군과 나라를 위해 더 많이 기여할 수 있기 때문에 적극 권장할 일이다.

그렇다면 계급과 지위가 올라가는 것만이 군인으로서 성공하는 길일까?

나는 42년간 군인의 길을 걸으면서 멀리는 고대시대 군인들로부터 가깝게는 내가 군 생활을 하면서 보아왔던 많은 상관, 선배, 동료, 그리고 때로는 후배와 부하들의 모습을 보면서 무엇이 군인으로서 진정한 성공인가를 깊이 새겨 보게 되었다.

결론은 진정한 성공은 꼭 지위나 계급에 비례하지 않는다였다. 아무리 지위와 계급이 높아도 소임을 제대로 완수하지 못하거나 공무를 올바르게 수행하지 못했을 때는 나쁜 선례가 되고 오명만 남기게 된다. 반대로 계급과 지위가 낮더라도 임무수행을 성공적으로 수행하고 명예롭게 군인의 길을 걸은 군인은 참군인의 표상으로 역사에 길이 길이 남기 때문이다.

임진왜란시 원균의 지위는 이순신 장군에 필적하게 올랐지만 두 장군에 대한 역사의 평가는 극명하게 갈린다. 또 6.25전쟁 당시 다부동 전투의 영웅 백선엽 장군이나 백마고지 전투의 영웅 김종오 장군처럼 장군으로서 크게 이름을 떨친 군인도 있지만, 수류탄과 화염병을 들고 적 자주포에 뛰어든 춘천지구 전투의 영웅 심일 소위, 2010년 천안함 폭침사건 발생시 최고령의 나이에도 아랑곳하지 않고 앞장서서 구조활동을 하다 순직한 한주호 준위는 초급간부의 신분이었지만 어떤 장군보다 훌륭한 군대의 표상으로 존경을 받고 있다.

따라서 군인으로서 진정한 성공은 어느 지위에 있든 간에 부여된 임무를 성공적으로 완수하고 참군인으로 존경을 받는 것이라고 나는 생각한다.

여기에 멋진 시와 난중일기라는 역사적인 문학작품을 남긴 이순신 장군의 전인적인 품격과, 백만불짜리 미소와 유머감각을 가진 아이젠하워 장군의 여유와 같이 자기만의 향기까지 남긴다면 참으로 멋있는 군인으로서의 성공이 될 것이다.

누구나
성공할 수 있는가?

성공한 사람들의 남다른 2%

누구나 성공할 수 있는가? 이 질문에 대한 나의 답은 명쾌하다. '물론 누구나 성공할 수 있다'이다. 그렇다면 성공을 추구한 사람 모두가 성공하였는가? 그것은 물론 아니다.

사람은 누구나 성공을 추구하지만 모두가 성공하는 것은 아니다. 그렇다면 어떻게 해야 성공할 수 있는가? 사회적으로 성공한 사람들의 사례를 보면, 성공의 이유나 요소는 참으로 다양하게 나타난다. 공부를 잘 해서, 사업 수완이 좋아서, 노래를 잘 해서, 운동을 잘 해서, 말을 잘 해서, 얼굴이 예뻐서, 부모 잘 만나서······ 심지어는 줄을 잘 서서, 운이 좋아서까지 수없이 많은 요소들이 성공의 이유로 등장한다.

물론 이러한 요소들이 그들의 성공에 중요한 이유가 된 것은 사실일 것이다. 그러나 그것이 성공을 위한 하나의 필요조건은 되었을지 모르지만 성공을 보장하는 충분조건은 아니었다. 또한 그런 요소들 때문에 일시적 성공을 이루었다 하더라도 그것만 가지고 충분한 성공에 이르지는 못했다.

나는 지금까지 살아오면서 뛰어난 머리나 특별한 재능을 가지고도 그만큼 발전하지 못한 사람들을 많이 보았고, 좋은 환경이나 든든한 배경을 가졌다고 하는 사람들이 오히려 그러한 환경이나 배경이 걸림돌이 되어 성공하지 못하는 경우도 많이 보았다. 그러면 속이 꽉 찬 성공, 끝까지 가는 진짜 성공은 무엇이 만들어내는가?

성공학을 연구하는 사람들의 연구결과나, 내가 지난 40여 년간의 군생활 경험을 통해서 본 바에 따르면 성공에 이르게 하는 지배적 요소는 사람의 '생각과 자세'이다.

성공적인 삶을 살았던 사람들이 공통적으로 가졌던 남다른 2%는 첫째, 긍정적 사고, 둘째, 일에 대한 열정, 셋째, 절대 포기하지 않는 불굴의 의지였다.

그들은 자신에게 주어진 어떠한 환경에 대해서도 불평하거나 불만을 갖지 않았으며, 매사를 긍정적인 눈으로 바라보았다.

역사상 세계 최대의 제국을 이룩했던 칭기즈칸은 "가난하다고 탓하지 말라. 나는 들쥐를 잡아먹으며 연명했다. 작은 나라에서 태어났다고 말하지 말라. 나의 병사들은 적들의 100분의 1, 200분의 1에 불과했지만 세계를 정복했다. 배운 게 없다고 탓하지 말라. 나는 내 이름도 쓸 줄 몰랐지만 남의 말에 귀 기울이면서 현명해지는 법을 배웠다. 너무 막막해 포기해야겠다고 말하지 말라. 나는 목에 칼을 쓰고도 탈출했고, 뺨에 화살을 맞고도 살아났다"고 말했다.

우리나라 산업화의 한 주역이었던 현대그룹 정주영 회장은 가난한 집안의 장남으로 태어나 보통학교(초등학교)만 졸업한 후 농사를 짓다가 가출하였다. 그는 막노동을 하며 공사판을 떠돌다 쌀가게에 취직한 인연으로 경영인의 길을 걷기 시작했는데, 불같은 열정과 도전 정신, '시련은 있어도 실패는 없다'는 긍정적 사고와 불굴의 의지, 그리고 특유의 근면함으로 현대건설, 현대자동차, 현대중공업 등 세계적인 기업을 만들고, 올림픽 유치에 기여하는 등 우리나라 현대사에 큰 발자취를 남겼다.

오히려, 장애와 질병 때문에 보통 사람보다 더 많은 난관과 역경을 겪으면서도 당당하게 성공한 사례들도 있다.

네 손가락의 피아니스트 이희아는 열 손가락을 가진 정상인도 하기 힘든 고난이도의 연주를 자신만의 방법으로 아주 훌륭히 연주해 낸다. 이희아가 장애를 이겨낼 수 있었던 가장 큰 원동력은 장애를 극복해 내겠다는 긍정적 마음과 의지가 강했기 때문이다.

2차 대전을 승리로 이끌었던 미국의 프랭클린 루즈벨트 대통령은 하반신 마비로 휠체어에 의존했었지만 "중요한 것은 무엇인가 포기하지 않고 용감하고 끈질기게 시도하는 것"이란 신념을 실천하고, 한국 최초의 시각장애인 박사로 미국 백악관 정책 차관보 지위까지 오른 강영우 박사는 고아이며 시각장애인이면서도 결코 좌절하지 않고 긍정적 자세로 노력하여 인간 승리의 꿈을 이루었다.

생각과 자세만 바꾸면 누구나 성공할 수 있다

나는 앞에서 누구나 성공할 수 있다고 단언하였다. 위에서 본 바와 같이 성공을 가져오는 지배적인 요소는 바로 '생각과 자세'에 있기 때문이다. 긍정적 사고는 IQ가 높은 사람만 할 수 있는 것이 아니다. 일에 대한 열정은 CEO나 장군처럼 지위가 높은 사람만이 가질 수 있는 특권이 아니다. 포기하지 않는 자세는 환경과 배경이 좋은 사람만 할 수 있는 특별한 능력이 아니다.

긍정적 사고와 일에 대한 열정, 절대 포기하지 않는 불굴의 의지는 머리나 환경이나 지위와 전혀 관계없는 요소이다. 따라서 누구나 생각과 자세를 바꾸어 열심히 노력한다면 성공할 수 있는 것이다. 또 머리가 좋고 재능이 많고, 환경이 좋은 사람이라도 이러한 긍정적인 사고, 뜨거운 열정, 불굴의 의지가 없다면 결코 진정한 성공을 이룰 수 없음을 알아야 한다. 성공하고 싶은가? 그러면 먼저 생각과 자세부터 확 바꾸기 바란다.

이제부터
진짜 시작이다

초급간부의 위치

초급간부는 군대사회에 첫 발을 내딛는 '사회 초년생'이다. 일반 회사로 보면 모든 것이 낯설고 서툰 신입사원인 셈이다.

그러나 우리 군의 입장에서 본다면 초급간부는 첨단 전투력 발휘를 책임지는 매우 중요한 역할을 수행하고 있다. 소대장은 20~30명의 부하를, 중대장은 100여 명의 부하를 이끄는 리더가 되어야하고, 부사관도 분대장급 리더나 참모부서의 실무자가 되어 군 조직의 최일선을 책임져야 한다.

이처럼 초급간부는 우리 군의 기초조직을 이끌어야 하는 막중한 현행 임무를 수행하면서도, 한편 개인적으로는 성공적인 군생활을 영위하기 위한 출발선에 서 있는 것이다. 즉 대부분의 초급간부들이 속한 20대부터 30대 초반의 시기는 인생에 있어서 가장 중요한 시기로서, 이 시기를 어떻게 보내느냐에 따라 남은 인생이 크게 좌우되기 때문이다.

물론 학교생활을 어떻게 하고 어떤 직업과 직장을 선택하였는가가 일차적으로 자기의 인생이 어떻게 전개될지를 결정한다. 그러나 인생에 있어서 진정으로 가치 있는 성공을 이루기 위해서는 어떤 직업, 어떤 직장을 선택하였는가도 중요하지만 어느 직업, 어느 직장에서건 자기가 선택한 직업에 대해 얼마나 진정한 천직(天職) 의식을 가지고 실질적 능력을 발휘하는가가 더욱 중요한 관건이 된다.

여러분은 이미 군인이라는 직업, 군대라는 직장을 선택하였다. 그렇다면 여러분은 이제 군인으로서 성공도 하고 가치 있는 삶도 구현하기 위해 철저히 준비하고 노력해야 한다.

진지하게 자신을 돌아보고 제대로 시작해야 한다

지금부터 여러분들은 군인으로서 본격적인 성공 레이스에 접어든 것이다. 그래서 성공 레이스를 위해 내가 지금까지 준비한 것은 무엇이고, 지금부터 어떤 노력을 기울여야 하는지 진지하게 되돌아 봐야 한다.

등산을 하려고 하는 세 사람의 예를 한번 생각해 보자.

첫 번째 사람은 집 가까이 있는 뒷동산에나 다녀오겠다고 생각했다. 그러니 크게 준비할 것이 없다. 복장과 신발만 간단히 준비하면 된다.

두 번째 사람은 그래도 등산다운 등산을 하려면 설악산 정도는 올라가야 한다고 생각했다. 설악산은 1,708m나 되는 산이다. 최소한 하루는 꼬박 걸리고 가파른 바윗길도 타야 한다. 그러니 등산복과 등산화를 제대로 갖추어야 함은 물론이고 등산 중에 먹을 음식, 음료수, 간단한 비상약도 준비해야 할 것이다.

세 번째 사람은 세계의 최고봉인 에베레스트를 목표로 하였다. 에베레스트는 8,000m가 넘는 고봉에다 사철 눈으로 덮여 있고, 혹한과 강풍이 끊임없이 몰아치는 곳이다. 그러니 이곳에 오르려면 먼저 기초체력부터 단단히 기르고 빙벽과 설산을 오를 수 있는 특별한 기술을 습득해야 한다. 또 혹한에도 견딜 수 있는 특수 피복과 장비들을 준비하고, 보조해 줄 팀원과 셀파도 구성해야 한다. 체계적이고 장기적인 준비를 해야만 에베레스트는 오를 수 있는 것이다.

그렇다. 꿈과 목표가 있다면 그것을 이루기 위해 먼저 준비를 해야한다. 그 꿈과 목표가 높고 클수록 당연히 더 많은 준비가 필요하다. 우리가 건물을 지으려면 먼저 땅을 파고 기초공사를 하는 이치와 같은 것이다. 건물을 높이 올리려면 그만큼 더 깊이 땅을 파고 내려가야 한다. 기초가 튼튼해야 마음 놓고 건물을 높이 올릴 수 있기 때문이다.

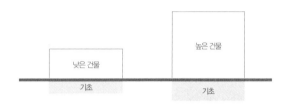

여러분은 삼성의 이건희 회장을 잘 알고 있을 것이다. 그는 한국의 삼성을 세계의 삼성으로 만든 글로벌 CEO이다. 그런데 90년대만 하더라도 삼성이 소니를 꺾고 세계 초일류 기업으로 성장할 것이라고는 어느 누구도 상상하지 못했다.

하지만 이건희 회장은 치밀한 준비와 원대한 비전을 가지고 이 불가능의 벽에 도전하여 새로운 삼성 신화를 만들어 냈다. 그런데 이런 이건희 회장도 27세 전까지는 아주 평범한 삶을 살았고 어느 면에서는 오히려 열등하기까지 했다고 한다. 처음에는 부친인 이병철 회장도 이건희 회장이 성격상 기업에 맞지 않는 것 같아 27세에 매스컴 분야(중앙일보 · 동양방송)에서 일하도록 했다가, 30세에 그룹 경영을 물려주기로 결정하였다고 한다. 이때부터 이건희 회장은 무섭게 변화하였다.

'스물일곱 이건희처럼'이란 책을 쓴 이지성은 이러한 이건희 회장의 성공 요인을 세 가지로 분석하고 있다. 첫째는 현실감각으로, 이건희 회장은 자기가 그룹경영을 이어받아야 한다는 현실을 절실하게 깨달았다. 둘째, 이건희 회장은 일에 대한 취미와 의향이 매스컴에 있다는 고정관념을 버리고 매스컴이든 기업경영이든 또 다른 무슨 일이든 다 잘 할 수 있다는 성공관념을 가졌다. 셋째는 직접 경영 현장에 참여해서 몸으로 배우는 살아 있는 공부를 했다. 이건희 회장은 이 세 가지를 갖춤으로 해서 평범하거나 또는 열등했던 과거의 틀을 깨고 비범한 성공의 길을 걸어가기 시작했던 것이다.

이지성은 한 가지를 더 이야기한다. '만일 이건희에게 재벌 아버지가 없었다면 과연 30대라는 늦은 나이에 새로운 출발을 할 수 있었을까?' 같은 생각을 갖고 있다면 그런 생각은 집어 던지라는 것이다. 그런 생각이 바로 당신을 알게 모르게 무능력한 존재로 만들어가는 부정적인 사고방식이라는 것이다. 나는 이 생각에 전적으로 동의한다. 이순신 장군도 28세에 무과에 응시하기 시작하여 32세에 비로소 합격하고 군인의 길을 걷기 시작하지 않았던가?

세계적인 CEO도 30세부터 본격적으로 준비하여 그 꿈을 이루었고 우리 역사상 최고의 영웅도 32세부터 군인생활을 시작하였다. 초급간부 여러분도 이제부터 생각과 자세를 바꾸어 열심히 준비하고 노력하면 분명히 성공할 수 있다.

인생에도 전략적 마인드가 필요하다

나는 초급간부 여러분들이 세상을 좀 멀리 보고 크게 보는 전략적 마인드를 꼭 가지길 바란다.

전략이라는 말은 영어로 'Strategy'인데 그 어원은 고대 그리스 도시국가 시절에 전쟁을 지휘하는 장군을 'Strategus', 또는 'Strategos'라고 부른 데서 기원하였다. 그러니까 전략이란 말은 전쟁전체를 지휘하는 장군이 사용하는 최상위 작전개념으로서, 당장 눈앞이나 어느 한쪽에서 벌어지고 있는 한 국면의 전투에서 이기는 길을 찾는 것이 아니라 멀리 크게 내다보면서 전쟁 전체를 승리로 이끌 방법을 찾는 것을 말한다.

이와 같이 우리가 인생에서도 근시안적이고 단편적인 이익만 보는 것이 아니라 인생 전체에서 정말 중요하고 큰 가치가 무엇인지를 볼 줄 아는 눈, 즉 전략적 마인드가 필요하다.

나는 젊을 때 바둑을 잠깐 두어 본 적이 있는데 고수들과 바둑을 두면 처음에는 하수에게 주어지는 몇 점의 덤을 이용하여 내가 유리한 것 같았는데 나중에 보면 나도 모르는 사이에 나의 대마가 죽게 되었거나 집을 크게 내주어 결국은 지고마는 경험을 수없이 하였다. 하수인 나는 싸움이 벌어지고 있는 좁은 국면에만 매몰되어 있는데 고수는 바둑판 전체를 보면서 나보다 몇 수 앞을 내다보고 있으니까 결국은 지는 것이다. 인생도 이와 똑 같다.

또 우리가 인생을 살면서 흔히 범하는 잘못 중 하나는 너무 성급하게 과실을 얻으려 하거나 2보 전진을 위한 1보 후퇴의 가치를 소홀하게 생각하는 것이다.

우리가 인생을 살면서도 전략적 마인드를 가지고 조금만 더 멀리 보고 크게 볼 줄 안다면, 그리고 조금만 더 인내하고 기다릴 줄 안다면 당장은 손해도 좀 보고 시간도 많이 걸리는 것 같지만 정말 중요하고 가치 있는 것을 놓치지 않게 되며 궁극적으로 기초와 골격이 튼튼해져서 더 높은 목표에 다다를 수 있다.

나는 고등학교 때까지 반장을 한 번도 해보지 못했고, 육군사관학교에 들어가서도 4년 내내 지휘관생도로 임명 받아 보지 못했다. 또 사관학교 졸업성적도 중간 밖에 되지 못하였고, 소령 때 육사동기생 30%정도가 선발되는 육군대학 정규과정에도 선발되지 못했다. 그런 내가 3성장군이 되고 38년간이나 나라의 쓰임을 받을 수 있었던 것은 무엇보다 훌륭한 부하와 상관을 만난 덕이 크지만, 이 책의 3부에서 언급된 '젊은 시절에 만든 나의 10가지 습관' 등과 같이 내 스스로 인생의 기초를 다지는 노력을 열심히 하고 이런 기초로부터 만들어진 나의 인생지표를 군 생활내내 충실하게 따르는 노력을 기울인 결과라고 생각한다.

돌아보면 내가 젊은 시절에 가졌던 이런 생각과 자세들이 인생을 멀리 크게 본 것이었다는 생각이 든다.

Part 2

성공으로
이끄는
7가지 원리

O F F I D E N T

O F F I C I D E N T

제 **1** 원리

꿈이 성공을 부른다

꿈이 있어야 삶의 목표와 방향이 생기고
그래야 자신의 삶에 집중할 수 있다.

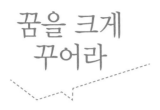

꿈을 크게 꾸어라

모든 성공은 꿈에서부터 시작한다

2006년 10월 13일은 대한민국의 역사에서 참으로 자랑스러운 날이다. 이 날은 우리나라의 반기문 유엔사무총장이 탄생한 날이기 때문이다.

우리는 88서울올림픽과 2002월드컵을 개최하였을 때 참으로 가슴 벅찼고 대한민국의 국민인 것이 그렇게 자랑스러울 수 없었다. 대한민국이라면 6·25전쟁밖에 알지 못하던 세계인들에게 대한민국의 존재를 당당하고 확실하게 인식시킨 역사적 행사였기 때문이다.

그런데 이제는 최고의 국제기구인 유엔의 사무총장까지 배출하였으니 얼마나 자랑스러운가?

이처럼 역사적이고 세계적인 인물이 어떻게 나올 수 있었는가? 이는 반기문이라는 한 시골 학생의 외교관이 되겠다는 꿈에서부터 시작된 것이다. 반기문 사무총장은 어린 시절 책을 좋아하고 영어공부를 열심히 하던 충주 지역의 한 소년이었다. 그는 고교시절 미국 정부가 주최하는 영어 웅변대회에서 입상하였고, 그 부상으로 미국을 방문할 기회를 얻어 케네디 대통령을 만날 수 있었다. 그때 그는 '외교관'이 될 꿈을 꾸게 되었고, 결국 최고의 외교관이며 세계의 대통령이라고 하는 8대 유엔 사무총장의 자리에 올라 10년 동안 세계 평화를 위하여 크게 기여하였다.

고구려 · 백제와 비교해 국력이 약했던 신라가 삼국을 통일하였던 것은 어린 화랑시절부터 '삼국통일'의 웅대한 꿈을 꾸었던 김유신 장군이 있었기 때문이다. 김유신 장군은 15세 때 화랑이 되어 '신라의 국력을 키워서 삼국을 통일하겠다'는 각오로 수련에 정진하였으며, 김춘추와 힘을 합쳐 끝내 삼국통일의 대업을 달성하였다.

여러분은 지금 무슨 꿈을 꾸고 있는가? 나만의 확실한 꿈이 있는가? 혹 있기는 있지만 막연하지는 않은가?

초급간부 여러분은 OBC나 OAC 과정을 통해서 공격작전을 배운 바가 있을 것이다. 만일 대대장이 중대장에게 공격명령을 내렸는데 목표가 없거나 불분명하다고 한번 상상해 보라. 어디로 공격을 해야 할지, 공격대형은 어떻게 해야 할지 참으로 답답하고 황

당하지 않겠는가?

우리의 삶도 마찬가지다. 꿈이 있어야 삶의 목표와 방향이 생기고, 그래야 자신의 삶에 집중할 수 있다. 그리고 꿈이 있어야 지금의 어려움을 참고 견뎌 낼 수 있으며, 꿈이 있어야 진정한 삶의 보람과 가치를 이룰 수 있는 것이다.

● 하버드 대학의 목표에 대한 연구 사례

하버드 대학에서 목표의 가치에 대해 연구조사를 한 적이 있다. 연구자들은 IQ와 학력, 자라온 환경이 비슷한 학생들을 대상으로 인생의 목표가 있느냐는 질문을 던졌다. 27%의 사람은 목표가 없고, 60%는 목표가 희미하며, 10%는 목표가 있지만 비교적 단기적이라고 응답했다. 단지 3%만이 명확하면서도 장기적인 목표를 갖고 있다고 답했다. 이들을 대상으로 25년 동안 종단연구를 진행한 결과 재미있는 사실이 발견되었다. 명확하고 장기적인 목표가 있었던 사람의 대부분은 25년 후에 사회 각계에 영향력 있는 인사로 성장되어 있었고, 단기적인 목표를 지녔던 사람들은 대부분 사회의 중상위층에서 안정된 생활을 구축하며 전문가로 활동하고 있었다. 그러나 목표가 희미했던 사람들은 대부분 중하위층에 머물렀고, 목표가 없던 사람들은 취업과 실직을 반복하며 사회가 구제해 주기만을 바라는 최하위 수준에서 머물렀다고 한다.

이처럼 꿈은 우리에게 살아가야 할 이유와 목표가 되며, 어떤 어려움도 헤쳐 나갈 수 있는 희망과 용기의 원동력이 된다. 한 번뿐인 우리의 인생을 보다 가치 있고 풍요롭게 만드는 것은 꿈에서부터 시작한다.

'피그말리온 효과'라는 것이 있다. 이는 피그말리온이라는 조각가가 자기가 조각한 여인상이 진짜 사람이 되기를 간절히 원해 실제 그 꿈이 이루어졌다는 그리스 신화에서 나온 말인데, 무엇을 간절히 바라면 그 꿈이 실제로 이루어진다는 의미를 담고 있다.

정말로 성공하고 싶다면 먼저 확실한 꿈을 가지고 피그말리온처럼 그 꿈이 이루어지기를 간절히 바라야 한다.

이왕이면 큰 꿈을 꾸어라

나는 여러분이 이왕이면 큰 꿈을 가지기를 바란다. 왜냐하면 꿈의 크기에 따라서 성공의 크기와 보람의 정도가 많이 좌우되기 때문이다. 우물 안 개구리는 우물 밖에 드넓은 세계가 있는지도 모른채 그곳이 세상의 전부인 양 생각하며 살아간다.

나는 막연하게 큰 꿈을 가지라는 것이 아니다. 허황된 꿈을 가지라는 것은 더더욱 아니다. 내가 큰 꿈을 꾸라는 것은 사람에게는 자신도 모르는 무한한 잠재력이 있는데 이 잠재력은 꿈의 크기에 비례해서 나타나기 때문이다.

한국 여성 최초로 미국 정부의 차관보 지위에까지 오른 전신애전 미 노동부 여성국 담당 차관보는 소수 민족 출신으로서 미국 사회의 주류에 진출할 수 있었던 성공의 비결을 자기 안에 있는 잠재력을 믿었기 때문이라고 말한다. 전신애씨가 주는 또 하나의 교훈은 큰 세상에 대한 꿈을 가지지 않았다면 그녀의 엄청난 잠재력은 그냥 묻혀버렸을 것이라는 사실이다.

세계적인 축구 명문 영국 프리미어리그에서 명성을 날렸던 박지성 선수도 최정상급 프리미어리거가 되기까지 그리 순탄하지만은 않았다. 그는 고교와 대학시절에 결코 일류 레벨이 아니었고, K-리그에서도 외면 받던 '2등 선수'였다. 그러던 박지성 선수가 히딩크 감독을 통해 더 큰 세상을 알게 되고 그래서 내 안에 있는 더 큰 나를 발견하고 싶다는 희망을 키웠기에 세계적인 선수가 될 수 있었던 것이다.

우리는 살아가면서 꿈을 꼭 가져야 한다. 그리고 이왕이면 큰 꿈을 가져야 한다. 우리에게는 그런 꿈을 실현시킬 잠재된 힘이 있다. 금고 안에 많은 돈이 있는데 그 돈을 꺼내 쓰지 않아서 궁색하게 산다면 얼마나 어리석은 일이 되겠는가? 금고의 돈을 꺼내기만 하면 얼마든지 풍요롭게 삶을 영위할 수 있는데 말이다. 잠자고 있는 여러분의 잠재력을 깨울 큰 꿈을 가지길 바란다.

사명관이 담겨야
가치 있는 꿈이 된다

나의 사명을 깨달아라

우리는 한 번뿐인 인생이기에 값있게 살아야 하고 그래서 꿈도 꾸고 성공도 추구해야 한다. 그러나 모든 꿈이 다 가치 있는 것은 아니다.

어린 아이를 키우는 집안이나 유치원에서는 애들이 먹을 것이나 장난감을 가지고 다투는 모습을 흔히 본다. 대부분은 자기가 하나 더 먹거나 다른 아이보다 좋은 장난감을 차지하려는 데서 다툼이 벌어진다. 그러면 엄마나 선생님은 예외 없이 서로 사이 좋게 나누어 먹고 나누어 가질 것을 가르친다. 기꺼이 자기 것을 남에게 양보하는 어린이에겐 잘 했다고 크게 칭찬도 할 것이다.

사실 어른이 되어서도 이와 크게 다를 바가 없다고 나는 생각한다. 단순히 자신의 욕심을 채우기 위한 출세나 부를 꿈꾼다면 어린 아이가 사탕을 하나 더 먹고 싶어 하고 좋은 장난감을 차지하려는 것과 다를 바가 없다. 그래서 우리는 꿈을 꾸되 정말 가치 있는 꿈을 꾸어야 한다. 자기가 이 세상에서 부여 받은 사명이 무엇인지를 깨닫고 그 사명이 자기의 꿈에 담겨야 진정 가치 있는 꿈이라 할 수 있다.

'영웅'이라는 뮤지컬로도 다시 태어난 안중근장군의 삶을 우리는 잘 알고 있다. (안중근 장군은 자신의 신분을 대한의군 참모중장이라 밝혔다. 그래서 군에서는 순국 100주년을 기해 안중근 의사를 장군이라 부르기 시작했다.) 안중근 장군은 조선침략의 원흉 이토 히로부미를 저격하고, 거사 현장에서 체포되어 많은 고초를 겪다가 순국하였다. 안중근 장군은 순국할 때까지 시종일관 "나의 삶의 목적은 한국의 독립과 동양 평화 유지에 있다"고 말했다. 안중근 장군은 이처럼 세계평화와 나라의 독립을 염원하는 가치 있는 꿈을 가졌고, 그 꿈을 이루기 위해 목숨도 아까워하지 않았기에 우리에게 영원한 영웅으로 남아 있는 것이다.

마더 테레사(Theresa of Calcutta)수녀는 알바니아 출신이면서도 인도 콜카타로 와서 빈민과 고아, 나병환자, 그리고 죽음만을 기다리는 사람들을 구원하는 데 평생을 바쳤다. 그래서 세계의 모든 사람들은 국경을 넘어 사랑을 실천한 그녀를 이 시대의 진정한 성녀(聖女)로 추앙하고 있다. 이는 테레사 수녀가 이웃을 위한 희생과 봉사를 그녀의 사명으로 삼고 그것을 실천하였기에 따라온 세계인의 존경과 감사의 표현인 것이다.

사명관(使命觀)이란 이처럼 내가 이 세상에서 해야 할 일, 즉 나 자신만을 위해서가 아니라 세상을 위해서 내가 해야 할 일이 무엇인지를 깨닫는 것을 말한다. 그래야 삶이 정말로 가치 있어지기 때문이다.

스위스의 사상가 칼 힐티는 "인간 생애 최고의 날은 자기 인생의 사명을 자각하는 날이다"라고까지 했다.

사명관이 없으면 그 꿈은 사리사욕 수준에 머무르고, 그 격이 현저히 낮아질 수밖에 없다.

나도 20대에 무엇이 가치 있는 삶인지, 어떻게 살아야 한 번뿐인 내 삶을 후회 없이 살았다고 할 것인지로 많은 고민을 했었다. 나는 영국의 역사학자 토인비 박사의 '창조적 소수(creative minority)'라는 말이 늘 가슴에 와 닿았다. 토인비 박사는 세상이 발전하는 것은 창조적 소수가 있기 때문이라고 했다. 이 말은 나에게 '나로 인해서 세상의 작은 한 곳이라도 좀 더 나아지는 창조적 역할을 한다면 참으로 가치가 있겠구나'라는 생각을 갖게 했다.

또 봉사적이고 애국적인 삶을 살았던 훌륭한 사람들의 사례를 보고, 또 신앙생활을 해오면서 '내가 가진 작은 힘이라도 나만을 위해서가 아니라 남을 위하고 또 나라를 위해서 쓰는 것이 가치 있는 것'이라는 것을 깨달았다. 그래서 '창조와 봉사'는 내가 추구하는 가장 큰 가치가 되었고, 장교로서의 길을 이미 선택한 나는 '창조적 발전을 추구하며 봉사하는 리더가 되는 것'을 나의 사명으로 정했다.

꿈에 사명관이 담기면 꿈의 가치가 커진다. 그래야만 다른 사람들로부터 진정으로 존경과 박수를 받는 성공, 혼자만의 성공이 아니라 많은 사람과 함께 나누는 성공, 그래서 이 세상을 떠날 때에도 아무런 아쉬움이 남지 않는 가슴 뿌듯한 성공을 이룰 수 있는 것이다.

제 2원리

철저한 군인이 되라

어떤 직업, 어떤 직장이건 일단 선택했다면
천직의식을 가지고 그 직업, 그 직장에 충실하는 것이
그 조직사회에서 성공하는 기본이다.

호랑이를 잡으려면
호랑이 굴로 가야 한다

우리나라 속담에 '호랑이를 잡으려면 호랑이 굴로 가야 한다'는 말이 있다. 어떤 문제를 해결하기 위해서는 그 문제의 핵심과 본질에 접근해야 한다는 뜻이다. 또 서양 속담에 '로마에 가면 로마법을 따라야 한다'는 말도 있다. 이는 어느 사회나 자신들만의 규범과 문화가 존재하기 때문에 그 사회에서 살아가려면 그 사회의 규범과 문화를 존중하고 이에 적응해야 한다는 말이다.

맞는 말이다. 사람은 사회적 동물인 이상 모든 활동이 어느 특정한 사회나 조직 안에서 이루어질 수밖에 없다. 따라서 그 조직과 사회의 문화와 규범에 적응해야만 한다.

특히 각자의 삶의 터전이며, 꿈을 펼쳐 나갈 직업사회의 규범과 문화를 잘 이해하고 이에 적응하는 것은 성공적인 삶을 살기 위해 무엇보다 중요하다. 그렇지 않으면 그 조직사회에서 환영 받지 못하며 결국 도태될 수밖에 없다. 이는 당연하고도 엄연한 현실인 것이다.

우리나라의 대표적 기업인 삼성과 현대는 각각 삼성문화, 현대문화라는 그들만의 기업문화와 특성을 가지고 있다. 그런데 삼성 직원이 매일 현대 사원처럼 말하고 행동한다면 과연 삼성에서 성공할 수 있겠는가? 반대로 현대 직원이 매일 삼성은 어떻다는데 하며 삼성을 부러워하고 자기직장에 대해 불평이나 한다면 현대에서 살아남을 수 있겠는가? 어림도 없는 일이다.

어떤 직업, 어떤 직장이건 자기가 일단 선택했다면 천직의식을 가지고 그 직업, 그 직장에 충실히 하는 것이 그 조직사회에서 성공할 수 있는 기본인 것이다.

초급간부 여러분들은 이미 군인이라는 직업을 선택했고, 군대라는 조직사회 속에서 여러분의 꿈을 펼쳐보려는 뜻을 가지고 있는 사람이다. 그렇다면 여러분은 이제 군대라는 사회의 특성과 문화에 대해 확실하게 알아야 한다. 그리고 이를 몸과 마음 모두에 아로 새겨서 행동으로 실천하는 철저한 군인이 되어야 한다. 이것이 직업군인으로서 성공할 수 있는 첫 걸음이다.

군대는 어떤 조직이며,
어떤 군인을
원하는가?

군대는 전쟁으로부터 나라를 지키기 위해 있는 조직이다

군인은 언제나 전쟁을 생각해야 한다

군대의 존재 목적은 나라를 지키는 것이다. 6·25전쟁과 같은 전면전, 연평해전 같은 국지전 또는 강릉 무장공비 침투사건 같은 소규모 침투도발 등 모든 형태의 외부 위협과 침략으로부터 영토와 국민과 나라의 주권을 지키는 것이 우리 군대의 기본임무이다. 그런데 전쟁사를 살펴보면 전쟁은 언제나 예고 없이 시작되었다. 물론 큰 틀에서의 전쟁 징후는 예견되는 경우가 있었지만, 전투행위가 직접 이루어지는 군사작전은 예외 없이 기습적으로 이루어졌다.

6·25전쟁은 일요일 새벽 4시에 북한군의 기습남침으로 시작되었고, 태평양 전쟁의 시작인 일본의 미국 진주만 공격, 6일 전

쟁시 이스라엘의 이집트 침공, 최근에 있었던 걸프전, 이라크전 사례도 예외 없이 기습적인 공격으로 시작되었다.

따라서 무엇보다도 군인은 항재전장의식을 가져야 한다. 언제 어떠한 상황이 발생하더라도 즉각 대응할 수 있는 대비태세를 항상 갖추고 있어야 한다.

부대에서도 상급부대에서 불시에 경계검열이나 비상대기태세를 점검하러 나온다는 첩보가 있으면 더욱 근무를 철저히 하고 음주 회식 등을 자제하면서 불시검열에 대비하지 않는가? 그런데 진짜 적의 공격이나 도발에는 어떻게 대비해야 하겠는가? 정말 정신 바짝 차리고 대비해야 하지 않겠는가?

사적용무 때문에 보고도 없이 근무지역을 벗어난다든지, 과음으로 비상사태에 제대로 대응하지 못하는 경우가 있다면 이러한 자세는 항재전장의식이 근본적으로 결여된 것이다. 군인은 퇴근을 하고, 잠시 외출을 하거나 술을 마시더라도 비상상황에 즉각적이고 차질없이 대응할 수 있는 태세를 항시 갖추고 있어야 한다.

6·25 발발 당시 남북분계선인 38도선에는 국군 4개 사단이 배치되어 있었다. 6·25 직전 북한군이 침략의도를 기만하기 위해 유화적 조치를 취하자 정보판단을 소홀히 한 한국군은 비상을 해제하고 장병들에게 외출·외박을 나가도록 조치했다. 그러나 춘천지역을 방어하던 6사단은 사단장 김종오 장군의 지휘 아래 적

의 움직임이 심상치 않음을 확인하고 감시태세를 강화하고 진지를 보강하는 등 적의 공격에 대비하였다. 이러한 전투준비태세를 유지한 덕분에 6월 25일 일요일 새벽을 기해 개시된 북한의 기습 공격에 타 지역은 속수무책으로 무너져서 철수하기에 급급했던 데 반해 6사단은 3일간이나 춘천지역을 성공적으로 방어 할 수 있었다. 이러한 6사단의 성공적인 방어는 북한군의 공격계획에 결정적 차질을 가져왔고 한강방어선을 구축할 시간을 확보하므로서 나라를 구할 수 있었다.

춘천전투의 6사단 사례에서 보듯이 항재전장의식은 군대에서 무엇보다 중요한 요소이다. 손자병법에도 '적이 오지 않으리라는 것을 믿지 말고, 적이 언제 오더라도 싸워서 이길 수 있는 준비태세가 되어 있음을 믿어야 한다'고 했다.

적이 누구인지를 분명히 알아야 한다

스포츠 경기에서도 상대방에 대한 분석은 승리를 위해 필수적 요소다. 2002월드컵 당시 우리 대표팀이 좋은 성적을 낼 수 있었던 것은 여러 가지 요인이 있겠지만, 그 중 한 가지는 기존에 우리 국가대표팀에 없었던 비디오 분석관 등을 두어 상대팀들을 철저히 분석했기 때문이다.

하물며 국가의 존망이 달린 중차대한 국가방위 임무를 수행하는 군인이 자신과 대치하고 있는 적이 누구인지를 제대로 알지 못하는 것은 있을 수 없는 일이다.

천안함 사태와 연평도 포격사건을 통해 우리는 북한이 우리의 적임을 똑똑히 알게 되었다. 물론 북한 공산정권 아래서 핍박 받고 굶주리는 북한 주민들까지 우리의 적이라는 것은 아니다. 그들은 오히려 우리가 해방시키고 구해내야 할 우리의 형제다.

그러나 공산주의 이념과 체제 아래 북한을 통치하며, 우리 대한민국의 안정과 번영은 물론 생존 자체를 늘 위협하고 있는 북한 공산정권과 그 추종세력 그리고 북한군은 우리의 엄연하고도 실체적인 적임을 똑똑히 알아야 한다.

또한 장교들은 국가의 미래를 내다보는 전략적 안목을 가지고 미래의 국가안보에 잠재적 위협이 될 수 있는 주변국 군사동향에 대해서도 항상 관심을 가져야 한다.

군대의 가치는 전쟁에서 승리하는 데 있다

패한 군대는 나라를 지킬 수 없다

군대는 전쟁으로부터 나라를 지키기 위해 존재한다. 그러나 군대가 있다고 해서 나라가 다 지켜지는 것은 아니다. 인류역사에는 수없이 많은 군대가 나라를 지키기 위해 존재했지만, 이 중 많은 군대는 나라를 지켜내지 못했다.

왜 그들은 나라를 지키지 못했는가? 그것은 전쟁에서 패했기 때문이다. 전쟁에서 패한 군대는 나라를 지킬 수 없다.

고구려의 군대는 수·당의 침략을 잘 막아내고 오히려 강한 군대를 앞세워 요동지역까지 영토를 확장하였다. 그러나 나·당연합군과의 전쟁에서는 패했다. 그래서 700여 년의 찬란했던 고구려 역사를 마감해야 했다.

조선시대에는 일본과 청나라의 침략으로 나라가 초토화되는 고통을 겪었다. 임진왜란 당시 육지의 조선군은 왜군을 막아내지 못했다. 그래서 선조 임금은 압록강까지 피난을 가고 백성들은 왜군의 말발굽 아래서 참담한 고통을 받아야 했다. 천만다행으로 이순신 장군이 해전에서 승리함으로써 겨우 나라의 명맥을 유지할 수 있었다. 그러나 조선은 강한 군대를 키우지 않아 끝내 멸망하고 일본의 식민지가 되어야 했다.

세계 역사를 보더라도 군대가 전쟁에서 승리하지 못하면 그 나라는 지구상에서 없어지거나 승전국의 식민지로 전락하였고, 국민들은 참담한 고통을 받게 된다는 것을 잘 알 수 있다. 따라서 군대는 적과 싸우면 반드시 승리해야 한다. 전쟁에서 패한 군대는 나라를 지키지 못하고, 나라를 지키지 못하는 군대는 존재가치가 없다. 군대의 최고 가치는 전쟁(전투)에서 승리하는 것이다.

강한 군대만이 승리할 수 있다

누가 전쟁에서 승리하는가?

군대의 존재가치는 전쟁에서 승리할 때 나타난다. 그러면 전쟁에서 어떻게 해야 승리할 수 있는가? 두말할 필요도 없이 적보다 강한 군대가 되어야 전쟁에서 승리할 수 있는 것이다. 여러분은 학창시절에 좋은 대학에 가기 위해 열심히 공부를 한 경험이 있을 것이다. 고등학교만 다니면 다 좋은 대학에 들어갔는가? 당연히 아닐 것이다. 공부를 잘 하고, 입학시험에서 좋은 성적을 받은 사람이 좋은 대학에 들어가는 것이다.

전쟁도 마찬가지다. 적보다 강해야 적을 이길 수 있다. 그럼 어떻게 해야 적보다 강한 군대가 될 수 있는가? 적보다 병력도 많고 우수한 무기와 장비가 많으면 강한 군대가 될 것이다. 물론이다. 이러한 유형적 요소는 강한 군대를 만드는 기반으로서 이를 위해서 국방부나 각군본부 같은 정책부서에서 많은 노력을 기울이고 있다.

또 하나의 전투력은 무형적 요소이다. 이는 주어진 유형적 전력에 생명력을 불어넣는 요소다. 훈련이 잘 되고, 뛰어난 용병술을 구사하며 굳게 단결된 군대는 똑같은 유형전력을 가지고도 몇 배의 전투력을 만들어 낼 수가 있다.

그래서 야전군 차원에서는 무형전력, 즉 소프트파워(Soft Power)를 극대화하기 위해 노력해야 한다. 전사를 보더라도 전쟁에서 소프트파워가 더 큰 힘을 발휘하는 사례를 많이 볼 수 있다. 나는 강한 군대가 되기 위해 필요한 핵심적 소프트 파워는 세 가지라고 생각한다. 첫째 훈련된 부대, 둘째 똑똑한 장교, 셋째 상하동욕(上下同欲)으로 단결하는 것이다.

훈련된 부대

강한 부대가 되기 위해서는 무엇보다도 훈련을 열심히 해야 한다. 군대가 전장에서 수행하는 전투행위는 적을 상대로 하여 벌이는 제로섬 게임이다. 내가 적을 죽이지 못하면 내가 적에게 죽임을 당하게 되어 있다. 적과 싸워 이기는 강한 군대가 되기 위해서는 평상시에 훈련을 열심히 하여 적보다 우위의 전투능력을 갖추어야 한다.

● 6 · 25 전쟁 시 7사단 3연대 사례

6 · 25 전쟁 초기 한국군은 대비태세가 허술하였고 교육훈련도 제대로 되지 않은 상태에서 전투에 참여하였다. 7사단 3연대는 경상북도 안강지역에서 북한군의 남진을 저지하고 있을 때 치열한 전투로 인해 사상자가 늘어났고, 부대원 대부분은 대구에서 보충된 신병으로 구성되어 있었다.

3연대 1중대 1소대장은 보충된 신병들의 기초교육이 부족하여 소대전투력 발휘가 어려움을 깨닫고, 화기취급 및 근접전투와 같은 교육훈련을 때와 장소를 가리지 않고 실시하였다. 그러던 중 9월 16일 자정, 1개 대대 규모의 북한군이 중대정면으로 공격을 가해오자 북한군을 지근거리까지 유도하여 집중사격과 근접전투를 실시, 5회에 걸친 북한군의 공격을 격퇴하였다. 교육훈련에 대한 소대장의 노력으로 이 전투에서 다른소대는 20여 명의 사상자가 발생하였지만 1소대의 사상자는 3명에 불과하였다.

부하들을 철저하게 훈련시키는 것은 단순히 대적 우위의 전투 기술을 가르치는 것 이상의 의미가 있다.

첫째, 강하게 훈련된 부하는 자신감을 가지고 전투에 임할 수 있다. 운동경기를 할 때에도 실력이 비슷하면 누가 더 자신감을 가지고 경기에 임하느냐가 승패에 결정적 영향을 미치는 것과 같은 이치이다.

또 학교에서도 시험을 볼 때, 예상되는 고난이도의 문제까지 풀어본 학생은 어떤 문제가 나와도 풀 수 있다는 자신감을 가지고 시험장에 들어갈 수 있으나, 쉬운 문제만 풀어본 학생은 불안한 가운데 시험장에 들어갈 수밖에 없을 것이다. 이처럼 불안한 상황에서는 평상시만큼의 실력도 발휘할 수 없다.

둘째는 강한 훈련만이 전장에서 부하의 생명을 지켜주는 가장 확실한 길이기 때문이다. 지휘관의 책무는 부여된 임무를 완수하고 맡겨진 부하들을 돌보는 것이다. 부하를 잘 돌보는 것에는 의식주를 잘 챙겨주고 부하들을 잘 배려하는 등의 여러 가지 요소가 있지만 가장 중요한 것은 부하의 생명을 지켜주는 것이다.

걸프전 당시 미군 장병들에게 어떤 지휘관이 가장 훌륭한 지휘관인지를 설문한 적이 있다. 생사의 고비에서 치열한 전투를 경험한 장병들은 한결같이 '나의 생명을 지켜줄 수 있는 지휘관, 반드시 승리해서 고국에 자신을 데려가 줄 수 있는 지휘관'이라고 대답했다.

● 미국의 NTC 훈련 사례

미군은 베트남전쟁 시 월맹군의 게릴라식 비정규전에 대한 준비와 훈련부족으로 많은 피해를 입고 철수하였다. 미군은 베트남 전쟁의 패배를 교훈삼아 실질적인 훈련이 가능한 NTC(National Training Center)를 설립하였다. 그 후 1990년, 이라크 후세인이 쿠웨이트를 침공하여 걸프 전쟁이 발발하자 미군은 전장에 부대를 투입하기 전에 NTC에서 중동의 사막과 동일한 지형과 여건을 만들어 놓고 강도 높은 훈련을 실시했다. NTC에서 훈련을 한 미군은 실전에서 개전 4일 만에 바그다드를 점령하는 전과를

지휘관은 강한 훈련만이 부대의 임무도 완수하고 부하들의 희
생도 최소화할 수 있는 최선의 길이라는 확고한 신념을 가져야 하
며, 훈련장에서만큼은 무서운 호랑이가 되어야 한다.

아무리 가혹한 훈련도 적보다는 가혹하지 않다.

똑똑한 장교

전쟁에서 승리하기 위해서는 구성원 모두가 자기의 역할을 잘
수행해야 한다. 병사는 병사대로, 부사관은 부사관대로, 장교는
장교대로 각자 맡은 역할을 성공적으로 수행할 때 부대의 전투력
이 극대화되고 전투에서 승리할 수 있는 것이다.

특히 장교의 역할은 전쟁의 승패를 결정적으로 좌우한다는 것
을 여러분은 잘 알 것이다. 장교들이 용병술이 뛰어나 전투력을
능수능란하게 운용할 수 있다면 유형적 요소가 부족하더라도 능
히 승리할 수 있다.

한니발이 이끄는 카르타고군은 유명한 칸네전투에서 로마군의
절반밖에 안 되는 전투력이었지만 한니발의 뛰어난 용병술로 로

마군에게 5배에 달하는 피해를 입히는 대승을 거두었다. 1차 세계대전 당시 독일군은 탄넨베르크 섬멸전에서 러시아군에 10배 이상의 피해를 입히는 대승을 거두었는데 이는 지휘관인 힌덴부르크 장군, 참모장인 루덴돌프 장군, 작전참모 호프만 중령이 합작한 뛰어난 용병술 때문이었다.

임진왜란 당시 이순신 장군은 일본군에 비해 늘 열세한 전투력으로 23전 23승이라는 세계 해전사에 빛나는 놀라운 승리를 이루었다. 명량해전에서는 단 12척의 배로 일본군 배 130여 척을 격파하기도 하였다. 이러한 승리를 거둔 가장 큰 요인도 이순신 장군의 뛰어난 용병술 때문이었다.

독일의 롬멜 장군은 20대 청년장교 시절 1차 세계대전에 소부대 지휘관으로 참전하여 철십자훈장을 두 번이나 받았다. 전쟁이 끝난 후에는 전투 경험을 토대로 『보병공격』이란 책을 써서 독일군은 물론 세계의 장교들에게 큰 영향을 끼쳤고, 2차 대전 시는 장군으로서 대부대를 지휘하여 혁혁한 전공을 세우고 '사막의 여우'라는 별명까지 얻었다. 롬멜이 이처럼 탁월한 용병술을 구사할 수 있었던 것은 끊임없이 공부한 똑똑한 장교였기 때문이었다.

전쟁에서 승리하는 강한 부대를 만들기 위해서는 장교들이 정말 똑똑해야 한다.

상하동욕으로 단결

손자병법에 '상하동욕자승(上下同欲者勝)', 즉 '지휘관과 부하가 한마음 한뜻이 되면 승리한다'는 말이 있다.

전쟁은 개인이 아닌 조직이 하는 것이기 때문에 전투력이란 구성원 모두의 힘을 합친 것이 된다. 그래서 구성원 모두가 지휘관을 중심으로 한마음, 한뜻이 될 때 그 부대의 전투력은 극대화될 수 있는 것이다.

인류역사에 수없이 많은 전쟁이 있었지만 상하동욕자가 되지 못한 군대가 승리한 일은 없다. 오히려 병력과 장비가 열세하더라도 상하동욕의 정신으로 똘똘 뭉친 부대가 승리한 사례는 많이 찾아 볼 수 있다.

6일 전쟁 당시 이스라엘은 250만 명의 인구와 27만 5천 명의 군대로 1억이 넘는 인구와 2배에 달하는 전투력을 가진 주변 아랍국과 싸워 대승을 거두었다. 그들은 시오니즘(Zionism)의 정신으로 군대는 물론 전 국민, 나아가 전 세계에 흩어져 있던 모든 유태인이 굳게 단결하였기에 이러한 승리를 만들어 냈던 것이다.

임진왜란 당시 조선군은 지상전투에서는 늘 일본군의 상대가 되지 못하였으나 행주대첩과 진주대첩에서는 대승을 거두었다. 그 이유는 권율 장군과 김시민 장군을 중심으로 일반 백성들까지 한마음 한뜻으로 굳게 단결하였기 때문이었다.

군대의 생명은
군기(軍紀)이다

군대는 왜 군기를 강조하는가?

군대에서 유난히 많이 듣는 말이 군기 확립일 것이다. 군인복무규율에 "군기란 군대의 기율이며 생명과 같다"고 하였다. 군대에서 필요한 덕목에는 충성심, 용기, 단결, 명예, 군기 등 많은 요소들이 있는데 생명과 같다고 하는 덕목은 군기밖에 없다. 군대에서는 왜 이렇게 군기가 중요하고 군대의 생명이라고까지 하는가?

줄다리기 시합을 예로 들어 생각해 보기로 하자. 줄다리기에서 이기기 위해서는 잡아당기는 힘이 세야 하는데 이를 극대화하기 위해서는 두 가지 요소가 필요하다.

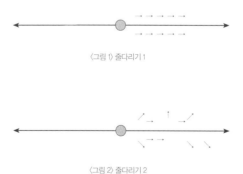

〈그림 1〉 줄다리기 1

〈그림 2〉 줄다리기 2

첫째는 힘의 방향이다. 〈그림 1〉에서 보는 바와 같이 10명 모두가 90°방향으로 당길 때 힘이 분산되지 않고 극대화된다. 만일 팀원이 그림 2와 같이 60°방향, 45°방향, 30°방향 등 제각각으로 당기게 되면 힘이 분산되어 이길 수 없게 된다. 두 번째 요소는 힘을 쓰는 시간이다. 10명 모두가 동시에 당겨야 역시 힘이 분산되지 않고 극대화된다. 만일 10명이 동시에 당기지 못하고 시차가 생기게 되면 힘이 극대화되지 못할 것이 뻔하다.

이처럼 팀원 모두가 한 명이 당기는 것처럼 일치된 방향, 일치된 시간에 당겨야 힘이 극대화될 수 있는 것이다. 그래서 줄다리기를 할 때는 리더가 깃발이나 호루라기 같은 수단을 가지고 통제를 해서 팀원 모두가 일사불란하게 움직이도록 해야 한다.

전투도 마찬가지다. 지휘관의 명령에 모든 구성원이 절대 복종하여 일사불란하게 움직일 때 부대의 전투력이 극대화되는 것이다. 이처럼 지휘관의 명령에 복종하여 부대가 일사불란함을 유지하는 것이 바로 군기이다.

군대가 적과 싸워 이기기 위해서는 전투력이 적보다 강해야 하며, 부대의 전투력을 극대화하기 위해서는 부대가 일사불란하게 움직여야 한다. 부대의 일사불란함을 유지하는 힘은 엄정한 군기에서 나온다. 그래서 군기를 군대의 생명이라고 하는 것이다.

상명하복의 위계질서와 서열

이처럼 중요한 군기를 확립하기 위해서는 상관의 명령에 절대 복종하는 상명하복의 위계질서를 확고하게 유지해야 한다. 이를 위해 군인은 항상 계급장을 달고 다니게 하고, 같은 계급, 같은 직책이라도 누가 선임이고 누가 후임인지 서열을 항상 정해 놓는 것이다.

서열은 의전목적으로도 필요하지만 서열이 만들어진 근본목적은 전투간에도 중단 없이 지휘체계가 유지되도록 하기 위해 지휘자 유고시 임무를 대행하는 순서로써 정해놓은 것이다.

만약 전투 중에 소대장이 전사하거나 부상을 당해 지휘를 할 수 없게 되면 그 소대는 전투를 중단해야 하는가? 그렇지 않다. 전투는 임무가 완료될 때까지 간단없이 이루어져야 한다. 따라서 소대장이 지휘를 할 수 없게 되면 중대로부터 특별한 지침이 없는 한 지체 없이 부소대장이 임무를 대행해야 한다. 부소대장도 유고시에는 선임 분대장이, 선임분대장도 유고시에는 차선임 분대장이 자동으로 임무를 승계하여 전투를 계속해야 한다.

서열은 권리를 누리는 순서가 아니라 책임을 지는 순서인 것이다.

이러한 의미는 미군의 계급 명칭에도 잘 나타나 있다.

미 육군의 대위는 Captain이고 중위는 1st Lieutenant, 소위는 2nd Lieutenant라고 부른다. 미 육군 초창기에는 소대라는 개념은 없었고 기본이 중대단위였다. 그래서 이 중대를 지휘하는 장교를 Captain이라 불렀고 Captain 유고 시 지휘권을 승계하는 사람을 대리인이라는 의미의 Lieutenant라고 했다. 그래서 제1대리인을 1st Lieutenant, 제2대리인을 2nd Lieutenant라고 불렀는데 이것이 후에 계급명칭이 된 것이다.

중장인 Lieutenant General, 중령인 Lieutenant Colonel도 General과 Colonel 유고 시 대리자라는 뜻이 계급이 된 것이다.

오랫동안 전쟁을 치르지 않는 사이에 서열이 책임지는 순서라는 본래의 의미는 퇴색되고 권리를 누리는 순서로 변질되어 서열의식화 한 것이 잘못된 것이지 서열 자체는 나쁜 것도 아닐 뿐 아니라 전투를 수행하는 군대에서는 반드시 필요한 것이다.

군기는 어떤 이유로도 양보될 수 없다

또한 군대에서는 외형적 군기도 강조하고 있다. 경례, 차렷자세, 보행자세 등도 군인다워야 하고, 사열, 열병 등의 의식은 엄숙하고 일사불란해야 한다. 군대에서 실시되는 이러한 외적자세나, 의식들은 단순하게 군대다운 멋을 내기 위해 하는 행동이나 행사가 아니라 그 근본정신은 상관에 대한 충성을 서약하고 일사불란하고 단결된 조직의 정신과 힘을 가시적으로 나타내는 데 있다.

이처럼 군기의 본질은 전쟁에서 승리하기 위해 반드시 갖추어야 할 일사불란한 지휘체계를 확립하는 것이며, 이를 위해 상명하복의 위계질서와 서열이 분명해야 한다. 아무리 군 생활을 오래하고 나이가 많은 원사라도 소위에게 반드시 경례를 해야 한다. 비록 임관은 먼저 한 선배라 해도 계급과 직책이 높은 후배에겐 깍듯이 예의를 갖추고 그 명에 복종해야 한다. 이것이 당연하고도 자연스럽게 받아들여지지 않는 사람은 군대에 있으면 안 된다. 군기는 전쟁을 해야 하는 군대에서 어떤 이유로도 양보될 수 없는 최우선적 덕목이다. 군기는 군대의 생명이기 때문이다.

군기와 경직됨을 혼동해서는 안 된다

군대는 군기를 엄정히 유지해야 하지만 군기를 유지하는 것이 부대와 부하를 경직되게 만드는 것을 의미하는 것은 아니다. 부대와 부하가 경직되면 오히려 필요할 때 힘을 제대로 발휘할 수 없고 의사소통도 어려워져 죽은 조직이 될 수 있다.

여러분은 운동을 처음 배울 때 어깨에 힘을 빼라는 얘기를 많이 들어보았을 것이다. 어깨와 몸이 부드러워야 오히려 임팩트 순간에 강한 힘을 쓸 수가 있는데 미리부터 경직되면 정작 필요할 때 힘을 제대로 못 쓰게 되고, 힘의 강도도 약화되기 때문에 받는 지적이다.

군기도 마찬가지다. 군기의 기본정신은 잊어버리고 외형적 군기만 강조하면 쓸데없이 경직되어 힘을 낭비하게 되고 정작 필요할 때는 충분히 힘을 발휘하지 못하게 된다. 미국의 전쟁영화를 보면 부대 안의 바나 휴게실에서 상하급자가 함께 자연스럽게 웃고 떠들고 술을 마시다가도 차렷 구령이 떨어지고 임무가 부여되면 언제 그랬냐는 듯이 절도 있는 제식동작에 위계질서가 분명한 본래의 모습으로 돌아가는 것을 볼 수 있다. 이게 바로 진짜 군기 있는 모습이다. 외적으로 경직되게 하는 것을 군기라고 착각해서는 안되며, 할 때와 쉴 때를 구별할 줄 몰라서도 안 된다.

진정한 군기는 경직된 외적자세가 아니라 상관의 명령에 이의 없이 복종하는 마음자세인 것이다.

군인의 본분은 위국헌신이다

투철한 국가관과 조국에 대한 책임감

안중근 의사는 이토 히로부미 저격 이후 자신의 신분을 대한민국 의군 참모중장이라고 밝히고 여순감옥에서 처형당하기 직전 '위국헌신 군인본분(爲國獻身軍人本分)'이라는 유묵을 남겼다.

군인의 본분을 이처럼 명쾌하게 밝힌 글은 일찍이 없었다. 그래서 육군은 2003년도에 장교단 정신을 '위국헌신(조국에 대한 헌신과 봉사)'으로 설정하였으며, 순국 100주년이 되는 2010년에는 육군본부 지휘부 회의실을 안중근 장군실로 명명하고 군인의 표상으로 현양한 바 있다.

나라를 지킨다는 것은 결코 쉬운 일이 아니다. 나라와 국민을 위하는 멸사봉공의 마음, 필요하면 언제든지 목숨까지 아낌없이 바칠 수 있다는 고도의 희생정신과 조국에 대한 한없는 충성심이 없으면 군인으로서의 책임과 사명을 다할 수 없다.

군인은 복무하는 것이다

군인은 취직하는 것이 아니라 복무(服務)한다고 한다. 복무란 희생을 바탕으로 한 직무수행을 의미하며, 그 희생이란 필요하다면 자신의 목숨까지도 기꺼이 내어 놓을 수 있는 것을 의미한다.

세상에는 수없이 많은 직업이 있지만 목숨까지 요구하는 직업은 오직 군인밖에 없다. 다른 공직자들도 임무를 수행하다가 목숨을 잃는 일이 종종 발생한다. 그 죽음도 매우 고귀한 죽음임에는 틀림없으나, 그들은 임무완수를 위해 목숨까지 바칠 의무는 없다. 그들은 생명의 위협을 느낀다면 언제든지 스스로 그 임무를 중단할 수 있다. 그러나 군인의 임무는 그렇지 않다. 중대장으로부터 공격명령을 받은 소대장은 목숨을 잃을 위험이 있으니 돌격을 하지 않겠다고 할 수 없다. 방어명령을 받으면 상관의 허락 없이 그 진지를 떠날 수 없다. 일단 명령이 내려지면 어떤 희생을 감수하더라도 목표를 탈취하거나 진지를 사수해야 한다. 그렇지 않으면 명령위반이 되며, 군법에 의해 엄중하게 처벌을 받게 된다.

이처럼 군인은 임무가 주어지면 설령 죽는 한이 있더라도 기꺼이 그 임무를 완수해야 한다. 전쟁으로부터 나라를 지키는 일은 목숨을 내어 놓지 않고서는 불가능하기 때문이다.

군인이 명예로운 것은 조국을 위해 목숨을 바칠 수 있기 때문이다

군인이라는 직업은 국가의 존망이 달린 중차대한 임무를 수행하는 직업이다.

'가르시아 장군에게 보내는 편지'의 주인공 로완 중위는 미국이 쿠바를 스페인으로부터 독립시키기 위해 전쟁을 치를 당시 쿠바 반군 지도자 가르시아 장군에게 보내는 매킨리 대통령의 메시지를 전달하는 임무를 수행한 장교다. 로완 중위는 혈혈단신으로 쿠바에 잠입하여 가르시아 장군의 위치도 정확히 모르는 상태에서 수 많은 난관을 뚫고 임무를 완수하였다. 이 실화는 책으로 발표되어 자신이 맡은 임무에 임하는 성실한 태도, 용기, 가치 등에 대한 하나의 전형을 제시하며 세계적인 감동을 불러일으켰다.

한국전쟁 당시 6사단 19연대의 육탄 10용사도 홍천 말고개 전투에서 달려오는 적 전차를 향해 과감히 몸을 던짐으로써 한국전사에 영원히 기억되는 삶을 선택했으며, 장진호 전투에서 미해병 1사단 7연대 F중대의 중대장 바버 대위와 중대원들은 220명 중에서 87명만이 살아남는 희생을 무릅쓰고 퇴로를 확보함으로써 사단병력의 철수를 가능하게 하였다.

이들처럼 임무와 조국을 위해 헌신하고 필요하면 하나뿐인 목숨까지도 기꺼이 내어 놓는 것은 군인들만이 할 수 있는 막중하고도 명예로운 일인 것이다. 그래서 임무를 수행하다 목숨을 바친 군인은 물론이고 군에서 20년 이상 복무한 사람은 전역 후에라도 국립묘지에 안치되고 국가와 국민이 영원히 그를 기리는 것이다. 국립묘지에 자랑스럽게 누워 계신 순국선열과 호국영령의 90%는 군인이다. 이 얼마나 자랑스럽고 명예로운 일인가.

미국 최고의 명문 예일대생들은 매일 아침 교정에 서 있는 네이선혜일(Nathan Hale) 중위의 동상을 보며 조국과 명예를 생각한다. 네이선혜일 중위는 예일대를 졸업하고 1774년 미국 독립전쟁 시 미국의 첩보원으로 활약을 하였다. 영국군에게 사로잡혀 사형을 당하면서도 "조국을 위해 바칠 수 있는 목숨이 하나뿐인 것이 단지 아쉬울 뿐이다"라고 말하고 의연하게 죽음을 맞이하였다.

군인은 참으로 명예로운 직업이다. 조국을 위해 하나뿐인 목숨도 기꺼이 내놓는 직업은 군인밖에 없다.

능력을 키워라

성공은 능력의 수레를 타고 온다.
능력의 수레가 클수록
더 큰 성공을 실을 수 있다.

군사지식이 간부능력의 기본이다

똑똑한 장교가 승리를 만든다

우리나라 속담에 '알아야 면장을 한다'는 말이 있다. 또 영국의 철학자 프란시스 베이컨은 '아는 것이 힘이다'고 했다. 사람이 살아가는데 있어 지식이 가장 중요하고도 기본적인 힘임을 단적으로 표현한 말이다.

앞에서 언급한 바와 같이 전쟁의 승패는 군사력을 운용하는 장교단의 능력에 결정적으로 좌우된다. 2차 대전 초기 독일군이나 일본군이 많은 승리를 거둘 수 있었던 것은 독일군 장교와 일본군 장교들의 능력이 우수했기 때문이다. 이스라엘 군대가 강한 것은 단순한 애국심과 전투의지 때문만이 아니라, 이스라엘군 장교들이 늘 공부하는 군대이기 때문이다.

이처럼 군대가 전쟁에서 승리하는 힘은 장교들의 용병능력에 크게 좌우되는데 이러한 용병능력은 장교들의 군사지식으로부터 나오는 것이다.

장교는 군사안(軍事眼)이 있어야 한다

우리 군은 장교들의 군사지식을 키워주기 위해 OBC, OAC, 참모 대학 과정 등 단계별로 학교기관에서 교육을 실시하고 있다.

그러나 이러한 학교교육은 글자 그대로 군사지식의 기초를 제공하는 것이다. 이는 오히려 무엇을 어떻게 공부해야 한다는 방향과 방법을 가르쳐 준 것이라는 표현이 더 옳을 것이다. 따라서 전투에 필요한 군사지식을 얻기 위해서는 스스로 부단히 노력해야 한다.

각종 교범과 전사를 탐독하는 것은 물론이고 틈나는 대로 군에서 발간되는 각종 간행물과 외국군의 군사서적까지 탐독하여 폭넓은 군사지식을 쌓아야 한다. 이렇게 군사지식을 착실히 쌓다 보면 전장을 꿰뚫어보는 눈, 즉 군사안(軍事眼)이 생기게 될 것이다. 이러한 군사안이 생긴 장교가 되어야 비로소 전쟁에서 승리할 준비가 되었다고 말할 수 있다.

여러분은 장기나 바둑 같은 게임을 알고 있을 것이다. 그런데 같은 장기판이나 바둑판을 놓고도 한 사람은 사방이 꽉 막힌 듯 답답함을 느끼고 한 사람은 이기는 수가 훤히 들여다 보일 수가 있다. 적을 이기는 수가 훤히 들여다 보이는 사람이 바로 고수이고 승자가 되는 것이다. 전쟁도 마찬가지다. 군사안이 생기면 이처럼 전쟁터에서 적을 이기는 수가 훤히 보이게 되는 것이다.

우리는 흔히 나폴레옹을 '군사의 천재'라고 한다. 나폴레옹의 이러한 천재적인 영감은 그 자신이 말했듯이 타고난 것이 아니라 끊임없는 공부와 사고의 결과였다. 나폴레옹은 전쟁터 어디를 가더라도 손자병법을 항시 휴대하고 다녔다고 한다.

장교들이 똑똑해야 전쟁에서 이길 수 있다. 손자도 전쟁을 하기 전에는 어느 나라의 장수가 더 우수한지를 따져보라고 하였는데 우수한 장교란 바로 똑똑한 장교이며 똑똑한 장교의 기본은 바로 풍부한 군사지식을 갖추는 것이다.

전문성으로
차별화하라

군대는 다양한 전문가가 필요한 조직이다

현대사회의 특징 중 하나는 다양성과 전문성이다. 따라서 어느 조직에서나 성공하고자 하는 사람은 반드시 자신만의 차별화된 전문능력을 갖추는 것이 중요하다.

군대도 마찬가지다. 군사적 지식은 매우 중요하고 항상 공부해야 하는 것이지만, 군인이라면 반드시 갖추어야 할 기본적 요소다. 따라서 군사적 지식에 추가해서 자신만의 차별화된 전문 능력을 갖추어야 한다. 전문성을 갖춘 인재가 되는 것은 군에서도 절실히 필요한 사안이며, 개인으로서는 군대 안에서 자신의 입지를 확고히 할 수 있는 차별화된 능력이 되므로 군과 개인이 모두 윈-윈(win-win)하는 바람직하고도 필수적인 요소다.

군대에서 요구되는 전문성

내가 생각하는 전문성은 크게 두 가지이다.

하나는 정통 야전군인의 길을 가더라도 그 안에서 차별화된 남다른 전문능력을 키우는 것을 말한다. 예를 들어, 작전직능 중에서도 영어 능력이 탁월하고 해외 군사교육과 파병경험을 갖추어 연합 및 합동작전의 대가가 된다든지, 군수직능 중에서도 군수정보화분야에 대해 타의 추종을 불허하는 학문적 식견과 경험을 갖춘다든지 하는 것이다. 그래서 특정병과, 특정직능 안에서도 어느 분야하면 누구하고 바로 생각날 수 있을 정도의 차별화된 전문능력을 갖추어야 함을 말한다. 그런 인재가 되면 어느 조직에서나 그를 버릴 수 없다.

다른 하나는 우리 군은 사회를 축소한 것 같은 매우 다양한 기능이 있는 방대한 조직이므로 전투병과와 같이 정통 야전군인으로서의 길이 아닌 군복 입은 특수분야 전문가로서의 길을 가는 것도 가능하다는 것이다. 초급간부들은 임관시 기본적으로 병과가 분류된 상태지만 아직 전문가로서의 길을 선택할 여지는 많다. 군에는 정통 야전 군인으로서의 길 외에도 군사정책 전문가, 운영분석 전문가, IT 전문가, 나아가서는 군복 입은 외교관 · 교수 · 법관 · 의사 등 제 분야의 전문가들이 많이 필요하다.

예를 들어 연구와 정책 업무만 수행하면서 장군까지 되어 국방

정책을 총괄하는 임무를 수행할 수도 있고, 군사외교분야에서 출중한 능력을 발휘하여 군사외교관으로서 장군까지 진급하거나 군의관이나 법무관으로서도 장군까지 진출할 수 있다.

전문성을 키우기 위한 노력

군에서 필요로 하는 전문성을 키우기 위해서는 각종 위탁교육을 통해서나 야간과정을 통해 석·박사 학위 등의 학문적 기반을 다지고, 해외 군사교육에도 적극적으로 도전하거나 사회의 각종 전문자격증을 따는 것도 바람직한 일이다.

또 군 내외에서 발간되는 각종 전문서적 등을 구독하여 관심분야의 새로운 지식을 꾸준히 습득하고 해외파병 등의 각종 선발 기회를 적극 활용하여 전문경험도 축척하도록 해야 한다.

부사관들도 전문자격을 갖추어야 한다. 쉬지 않고 노력하여 공인 자격증을 여러 개 따서 자신의 직능에서 없어서는 안 될 존재로 발전한 부사관도 있고, 공부를 계속하여 석·박사 학위까지 취득한 부사관들도 있다. 이러한 인재가 되면 우리 군에서 오래오래 활용하지 않을 수가 없다.

영어를 잘 하면
기회가
배가 된다

21세기는 글로벌(Global) 시대다. 그래서 영어는 현대사회에서 가장 중요하고 필수적인 요소가 되었다.

온라인 취업사이트 '사람 人'이 주요기업 인사담당자 370명을 대상으로 '영어 실력에 따른 연봉변화'에 대해 조사한 결과 34.6%가 '영어 실력에 따라 연봉에 차이가 있다'고 응답했다.

우리 군은 미군과 연합작전을 실시하는 국방체제를 기본으로 하고 있어 영어의 필요성과 중요성이 일찍부터 강조되어 왔다. 최근에는 세계 도처에서 국제 평화유지군이나 다국적군의 일원으로 활발하게 활동하고 있고 앞으로도 이러한 역할은 더욱 증대될 것이 분명하므로 간부들에게 영어는 더욱 중요한 능력이 되었다.

실제 육군 인사사령부에서 '외국위탁교육 장교 선발 시나, 해외

파병 간부 선발 시 영어의 비중이 30% 이상 되며, 선발에서 탈락하는 원인의 50%는 영어 능력 부족이었다.

나의 군 생활에서도 영어 능력이 중요한 요소로 작용하였다. 중위시절에 군사 선진국인 미국에 가서 공부를 해야겠다고 생각을 하고 미 육군보병학교 OAC과정과 미 합동참모대학에서 공부할 기회를 가졌으며, 이를 계기로 영어능력을 꾸준히 향상시켜 영어는 나의 차별화된 능력이 되었고 연합사, 합참, 육군본부, 국방부 등의 정책부서에 근무할 때는 물론 사단 작전참모시 한미연합훈련을 할 때 등 야전에서도 중요 직책을 수행하는 데 큰 도움이 되었다.

요즈음의 초급간부들은 선배 세대와는 비교가 안 되는 영어 능력을 갖추고 있다. 그러나 평범하고 기초적인 수준에 머물러서는 안된다. 영어를 잘 하면 군 생활 중 크게 덕 보는 기회가 반드시 오게 된다. 반대로 영어를 잘 하지 못하면 다른 능력이 탁월하더라도 크게 후회할 일이 반드시 생길 것이다. 영어를 잘 하면 기회가 배가 됨을 잊지 말아야 한다.

실무경험을
잘 쌓아라

실무에서 얻는 지식이 산지식이다

사회생활을 위한 기초 지식과 능력은 통상 학교교육을 통해서
얻어진다. 하지만 학문 자체를 주업으로 하는 직업이 아닌 경우에
는 실무에 필요한 지식과 능력은 업무 현장에서 몸으로 직접 부딪
히며 터득한 현장감각과 업무처리 능력이 진짜 실력이 된다.

대학을 마치고 기업에 취직한 사람들에 대해 기업은 항상 실무
능력이 부족하다고 하소연한다. 그래서 신입사원들에게 회사업무
에 필요한 실무교육을 별도로 시키고 있다. 이와 같이 현장 감각
이 없는 지식은 죽은 지식이 된다.

앞서 설명한 바와 같이 삼성그룹의 이건희 회장은 그룹의 경영
을 이어 받아야 한다는 현실을 인식하자 참으로 독하고 철저하게

현장학습을 실시하였다. 이때는 삼성이 전자와 반도체 분야에 막 뛰어들기 시작한 시점이었는데 이건희 회장은 거의 매주말마다 전자·반도체 선진국인 일본으로 건너가 이 분야의 전문가들을 만나고, 웬만한 전자제품은 직접 분해·조립을 해보았다. 이때 익힌 현장 감각은 삼성전자가 세계 초일류기업으로 성장하는 밑거름이 되었다.

이명박 전 대통령이 현대건설에서 근무했던 모습은 드라마로 만들어질 만큼 많은 교훈을 주고 있다. 건설 장비를 수리하는 중기사업소 관리과장 시절에는 장비를 잘 알아야 정비공들을 관리할 수 있고 건설현장 업무를 확실하게 수행할 수 있다는 생각으로 밤을 꼬박 새워가며 매뉴얼을 펴놓고 불도저를 완전히 분해했다가 부품 하나하나의 이름과 기능을 숙지해가며 다시 조립해 보았다고 한다. 이러한 집념과 현장 감각이 현대건설에서 28세에 이사가 되고 46세에 회장이 되는 성공신화를 만들었던 것이다.

초급간부 시절은 손발로 일해야 한다

여러분은 가끔 상관들이 현장에 직접 와보지도 않았는데 현장을 본 것처럼 업무지시를 하는 것을 본 경험이 있을 것이다. 이것은 상관들이 여러분 같은 초급간부 시절에 현장 감각을 철저하게 익혔기 때문에 가능한 것이다. 경계임무, 교관임무, 공사임무 등 어떤 과업과 임무를 부여받든 그 임무수행에 필요한 교범과 참고 서적들을 다시 찾아 꼼꼼하게 살펴보고, 그 일에 대해 경험과 지식이 있는 사람이라면 신분과 계급 고하를 막론하고 기꺼이 찾아가 잘 배워야 한다. 그리고 현장에서 발로 뛰고 손으로 직접 만져보며 일을 배워야 한다.

이렇게 그때 그때 부딪히는 업무 하나 하나를 임시방편식으로 넘어가지 말고 몸으로 부딪히며 꼼꼼하고 철저하게 배워야 진짜 능력 있는 간부가 될 수 있다. 초급간부 시절에는 실수나 시행착오가 이해 받을 수 있고, 또 누구에게나 물어보고 배우기가 쉬운 시기이다. 초급간부 때 실무를 잘 배우고 익혀야 현행 임무수행도 잘할 수 있고, 또 그것이 쌓여 나중에는 상관으로서 부하를 권위 있게 지도하고 업무를 주도할 수 있는 힘이 되는 것이다.

표현력도
중요한 능력이다

표현력을 소홀히 보면 안 된다

사람이 가지고 있는 지적능력은 대부분 말과 글이라는 표현 수단을 통해서 밖으로 드러나게 된다. 그리고 다른 사람은 겉으로 표현된 것을 가지고 그 사람의 생각이나 능력을 평가하게 된다. 자신이 아무리 좋은 지식과 생각을 가지고 있다 하더라도 그것을 제대로 표현하지 못한다면 객관적으로 인정받을 수 없는 것이다.

여러분은 품질이 똑같은 과일인데 백화점에서 파는 것과 시장에서 파는 것의 가격 차이가 많이 나는 것을 본 적이 있을 것이다. 시장에 가면 과일을 좌판에다 수북이 쌓아놓고 비닐봉지에 담아 판다. 그런데 백화점 매장에 나온 과일은 한 알 한 알 고급스럽게 포장을 하고 품질을 보장한다는 금딱지까지 붙여 품격을 높여서 판다. 그래서 시장에 나온 과일과 똑같은 품질이면서도 상품가치를 몇 배까지 올린다.

자동차나 전자제품 등 고가품을 구입할 때도 디자인이 선택에 큰 영향을 미친다. 이와 같이 세상에서 자기의 능력과 가치를 드러내는 데는 내용이 우선적으로 중요하지만 그 내용을 드러내는 방식, 즉 표현도 중요한 것이다.

군대에서 이루어지는 많은 업무는 보고라는 형식을 통해 이루어진다. 글로 이루어진 문서를 통해서나 말로 하는 브리핑을 통해서 상관에게 보고를 하게 된다. 또 회의나 토의할 때에도 자신의 의사를 말과 글로 발표하게 된다. 이때도 똑같은 내용이지만 얼마나 논리적이고 설득력 있게 표현하느냐에 따라 결과에 많은 차이가 생기게 된다.

또한 지휘관의 경우는 부하들에게 끊임없이 설득하고 지시하고 교육해야 할 일이 많은데 이때의 주 수단은 말이다. 똑같은 취지의 말이라도 지휘관의 표현 능력에 따라 부하들이 공감하고 동기가 유발되는 정도에 큰 차이가 생기게 된다.

여러분은 역사적으로 훌륭한 지휘관들은 대부분 스피치 능력이 뛰어났다는 사실에 주목할 필요가 있다. 나폴레옹이 이탈리아를 정복하기 위해 알프스를 넘을 때 했던 일장연설은 지휘관의 표현 능력이 얼마나 부하들에게 큰 영향을 주는가를 잘 말해 주고 있다.

불멸의 영웅 이순신 장군은 전쟁 중에도 책 읽기와 일기 쓰기를 게을리 하지 않았던 문무를 겸비한 장군이다. 명량해전을 준비하면서 선조임금에게 "신에게는 아직 전선이 12척이나 있사옵니다."라는 상소문을 올림으로써 국왕의 마음까지도 움직이는 수준 높은 문장력을 보여주었다. 또한 장군이 쓴 난중일기는 역사적 가치뿐만 아니라 문학적 가치까지 인정받을 정도의 훌륭한 글 솜씨를 보여주고 있다.

표현력이 좋으면 사람이 돋보인다

나는 지휘관을 하면서 훈련장, 경계근무현장, 생활관 등을 수없이 순시하였다. 그때마다 일선 현장에서 근무하는 간부들의 보고를 받게 되는데, 자기가 하고 있는 임무를 잘 수행할 뿐만 아니라 이를 조리 있게 잘 설명하는 간부를 보면 훨씬 더 돋보였다. 그렇게 돋보인 장교들은 나중에 보면 주요 보직에 발탁되는 경우가 많았다.

국방부, 합참, 육군본부 같은 정책부서에서 근무할 때는 보고서를 많이 보게 되는데 똑같은 내용이지만 간명하면서도 설득력 있게 잘 작성된 보고서는 눈에 띄었고, 그런 능력을 가진 장교들은 총괄 업무 등의 요직에 발탁되는 경우가 많았다.

부사관도 마찬가지다. 부사관의 리더인 주임원사가 되고 사령부급의 담당관 직위에 오르려면 문장력과 언변술이 있어야 한다. 주임원사는 아래 부사관들과 병사들에게 훈시도 하고 교육도 하고 지휘관에게 보고도 해야 하는데, 조리 있고 설득력 있게 말을 할 줄 모르고, 보고서 하나 제대로 작성할 능력이 없으면 주임원사 같은 주요 직위에 결코 발탁될 수 없다.

표현력을 키우기 위한 노력

나는 생도시절 하버드 대학의 교육이념을 보면서 많은 것을 느 낀적이 있다. 하버드 대학의 교육이념은 교양인을 만드는 것인데, 교양인이 갖추어야 할 첫 번째 소양과 자질은 '명쾌하고 효과적으 로 사고하며 글을 쓸 수 있는 사람'이라고 명시되어 있었다. 고등 교육을 받은 사람은 자기의 생각을 글로 표현할 줄 알아야 한다는 말은 나에게 큰 교훈을 주었다.

표현력을 키우기 위해서도 적절한 노력을 기울여야 한다. 각종 군사교육 시 가르치는 브리핑 요령이나 보고서 작성 요령 등을 실 무 업무 시에도 잘 적용하고, 선배장교들을 벤치마킹하고 필요하 면 적극적으로 물어보고 지도를 받으면 큰 도움이 된다. 또 어떤 임무를 수행하든지 누가 와도 조리 있게 설명할 수 있도록 늘 대 비하고 몇 번 연습을 해보는 것이 좋다. 부하들 앞에서 이야기를 할 때는 항상 미리 말할 요지를 글로 정리해 보는 것도 좋은 방법 이다.

아무리 훌륭한 생각과 지식이 있어도 이것이 남에게 객관적으로 인정받지 못하면 칼집 속에 들어 있는 칼과 같은 것이 된다. 칼은 칼집에서 나왔을 때 제 기능을 발휘할 수 있다. 똑같은 생각, 똑같 은 지식이라도 그것이 잘 표현될 때 더 높이 평가되는 것이다.

뒷심은
강인한 체력에서
나온다

강인한 체력은 승리의 필수요소다

"전쟁은 육체의 피로와 마찰을 수반한다. 그 영향은 심대하여 지휘관의 판단력과 실천력을 좌우한다"는 독일의 군사 사상가 클라우제비츠의 말처럼 실제 전투에 임하면 밤낮없이 전투나 행군이 계속될 수 있고, 보급이 원활치 않거나, 혹한 · 혹서 등의 극한적 기상조건에서도 전투가 이루어질 수 있다. 따라서 강인한 정신력과 체력은 전투력의 필수요소다. 특히 강한 체력이 뒷받침될 때 강인한 정신력도 나올 수 있는 것이다.

사막의 폭풍작전으로 불리는 미군의 바그다드 진격 작전 시 결정적인 승리 요인 중 하나는 상상할 수 없을 정도로 빠른 기동력이었다. 당시 미군은 우수한 기동장비를 보유했을 뿐만 아니라 실전적 훈련을 통해 장병들이 사막이라는 지형적 어려움 속에서도 며칠씩 철야로 진군할 수 있는 강인한 체력을 갖추어 쉽게 승리할 수 있었던 것이다.

육군의 KCTC훈련(과학화전투훈련) 결과를 보더라도 체력이 전투 승패에 미치는 영향이 얼마나 큰지를 알 수 있다. KCTC훈련 초기에는 일부 훈련 대대가 체력이 떨어져 제대로 기동을 못 하거나 피곤하여 잠을 자는 등 체력적으로 취약한 면이 있었다. 반면 대항군 대대는 KCTC훈련장의 험준한 산악지형에도 잘 적응할 수 있도록 체계적이고 지속적인 체력단련을 실시하여 강인한 체력을 갖춤으로써 쌍방 교전 시 상대적으로 우수한 전투역량을 보여주었다.

이후 KCTC훈련에 임하는 부대들은 강인한 체력의 중요성을 깊이 인식하고 훈련준비 과정에서 체계적이고 지속적인 체력단련부터 실시하여 초기부대와는 달리 훈련수준이 많이 향상 되었다.

성공도 체력이 뒷받침되어야 이룰 수 있다.

역사상 유명했던 리더들을 보더라도 그들이 그처럼 승리하는 전투를 하고, 큰 업적을 이룰 수 있었던 것은 강인한 체력이 뒷받침되었기 때문이었다.

나폴레옹은 가르다(Garda) 호반에서 오스트리아군을 각개격파할 때 하루 동안 다섯 마리의 말을 갈아타면서 전투지휘를 하였다. 여러분도 사단장급 이상 고령의 지휘관들이 나이 차이가 많이 나는 참모들과 어울려 축구를 하고 체력 측정 시에 놀라운 기록을 보여 주는 사례를 보면서 그들의 뛰어난 체력에 감탄한 적이 있었을 것이다.

강인한 체력이야 말로 군대나 사회를 막론하고 중요한 전투력이자 조직력이며 적극적 자세와 자신감까지 가져다 주는 중요한 요소다. 개인적 성공도 체력이 뒷받침되지 않으면 제대로 이룰 수 없다. 뒷심은 체력에서 나오는 것이다.

제 **4**원리

인격에도 투자해야 한다

인격은 앎이 아니라 습관화된
행동을 통해 드러나는 것이다.
그래서 고매한 인격을 갖추기 위해서는
끊임없이 자신을 갈고 닦아야 한다.

왜 인격인가

인격은 목적가치인 동시에 최고의 성공자산이다

인격은 사람의 됨됨이로 고매하고 원만한 인격을 갖추는 것은 사람이 살아가면서 이루어야 하는 궁극적이고 중요한 목표다. 그래서 동·서양을 막론하고 인격도야를 인간 교육의 가장 중요한 요소로 보았으며 인격이 훌륭한 사람은 사회적으로 존경을 받는 것이다. 그리스의 철학자 아리스토텔레스는 "인간 최고, 최후의 가치는 인격적 가치"라고 했다. 공자는 고매한 인격을 갖춘 이상적인 인간상을 군자(君子)라 칭하며 제자들에게 늘 군자의 도(道)를 가르쳤다.

사회에서는 사람을 평가하는 데 있어서 능력과 더불어 인간 됨됨이를 항상 중요한 요소로 여기고 있다. 그래서 인격은 목적가치인 동시에 리더로 성장하기 위한 최고의 자산이기도 한 것이다. 그래서 훌륭한 장교상의 바탕도 인격인 것이다.

우리 군에서 장교들을 평가하는 핵심적 요소는 능력과 자질 및 품성이다. 여기서 말하는 자질과 품성은 인격이라는 요소에 군인적 특성을 가미한 것을 말한다.

동양의 전통적 장교상은 손자병법에 잘 나와 있다. 손자는 장수의 도(道)를 '지·신·인·용·엄(智信仁勇嚴)'이라고 하였는데 이들 요소의 핵심은 결국 인격이다. 우리나라 장교양성의 대표기관인 육군사관학교 교훈도 '지·인·용'으로 장교로서 갖추어야 할 인격적 덕목을 능력보다 더 강조하고 있다.

서양도 마찬가지다. 서양의 장교상이라 할 수 있는 기사도 정신의 핵심은 '무용, 성실, 명예, 예의, 경건'으로 요약할 수 있는데, 이 또한 인격적 요소를 바탕으로 하고 있다. 또 미국 장교양성의 대표기관인 웨스트포인트(미 육군사관학교)의 교훈은 Duty(책임), Honor(명예), Country(조국)로서 능력적 요소보다 인격적 요소를 앞세우고 있음을 알 수 있다. 미국의 대표적 리더십 이론가이며『아메리칸 제너럴십』의 저자인 에드거 파이어 교수는 아예 '리더의 길은 인격을 쌓는 길'이라고 정의하고 있다.

이처럼 동서양을 막론하고 이상적인 장교상으로 제시하고 있는 것은 모두 능력적 요소보다는 인격적 요소에 비중을 많이 두고 있다. 이는 너무도 당연한 이치다. 인격이 능력보다 우선해야 하는 데는 크게 두 가지 이유가 있다고 생각한다.

첫째는 어떤 일을 할 수 있는 힘이 능력인데 이 능력을 어디다 어떻게 쓸 것인가를 결정하는 것은 인격이기 때문이다. 능력은 키우는 것도 중요하지만 올바르게 쓰는 것이 더욱 중요하다. 각종 부정부패나 사기, 해킹, 산업기술 밀반출 등 많은 사회악들은 능력 있는 사람들에 의해 저질러진다. 이라크전에서도 미군의 포로 학대 사실이 밝혀져 큰 문제가 된 일이 있었다. 또 최근 군이나 사회에서 상관에 의한 성군기 사고가 발생하는 것도 우월적 지위를 잘못 사용하여 발생한 문제다. 이러한 문제들은 모두 능력이나 권력을 가진 자들이 인격이 잘못되었을 때 발생하는 것이다.

두 번째 이유는, 리더는 기본적으로 부하들을 움직여 조직의 목표를 달성하는 사람인데 부하들의 자발적인 복종과 참여를 이끌어내는 것은 리더의 명령과 지시가 아니라 리더에 대한 신뢰와 존경이며, 이러한 신뢰와 존경을 만들어 내는 원천은 리더의 인간적 됨됨이, 즉 인격이기 때문이다. 향기와 꿀이 있으면 나비와 벌이 저절로 모여들듯이 리더가 인격적으로 훌륭하면 부하들이 저절로 존경하고 따르게 되는 것이다.

장교는 기본적으로 부하를 이끄는 사람이다. 지위가 올라갈수록 힘이 커지고 부하가 많아지게 되어 있다. 그래서 큰 리더가 될수록 더욱 고매한 인격이 필요하다. 인격이 도야되지 않은 간부는 군에서 큰 리더가 될 수 없고 또 되어서도 안 된다.

어떤 인격을
갖추어야 하나?

고매하고 훌륭한 인격자가 되려면 어떤 요소들을 잘 갖추어야 하는가? 이에 대한 가장 보편적이고 전통적인 가르침은 진(眞), 선(善), 미(美)를 잘 갖추는 것이다. 참되고 착하고 아름다운 정서를 가져야 한다는 것이다. 여기에 성(聖), 즉 거룩함까지 갖추면 가장 높은 경지의 인격자가 되는 것이다.

사회의 한 구성원이며 나아가 국가의 운명을 좌우하고 수많은 부하들을 이끌어야 할 장교에게는 더욱더 훌륭하고 고매한 인격이 요구되며, 부사관도 장교에 준하는 인격을 갖추어야 한다.

나는 공직자이며 군의 리더인 장교들이 갖추어야 할 인격적 요소로는 첫째 더불어 사는 지혜, 둘째 바르게 사는 용기, 셋째 덕(德), 넷째 감사하며 즐겁게 살 줄 아는 마음의 여유, 그리고 균형과 조화의 감각 이 다섯 가지가 중요하다고 생각한다.

더불어 사는 지혜 사람은 공동체를 이루어 살아가는 사회적 동물이다. 물론 인간세계에는 적자생존(適者生存)이라는 냉엄한 경쟁의 룰도 있지만 주위 사람들을 경쟁상대로만 생각하는 사람은 사회에서 배척되고 결국은 인생에서 성공하지 못한다는 것을 알아야 한다. 그렇기 때문에 무엇보다도 생명을 소중하게 생각하며, 건전한 경쟁심과 함께 더불어 사는 지혜가 요구되는 것이다. 특히 조직을 이끌어 가는 리더에게는 부하들의 생명을 소중하게 지켜주고, 구성원들을 화합하고 단결시키는 것이 매우 중요한 과제다. 그래서 자신은 물론 구성원들에게 더불어 사는 지혜에 대해 잘 깨우쳐 주어야 한다.

생명을 존중할 줄 알아야 한다

더불어 사는 지혜의 첫째 요소는 생명을 존중하는 것이다. 사람에게 있어 무엇보다 소중한 것은 생명이다. 군대는 비록 나라를 지키기 위해서 전쟁을 수행하게 되지만 전쟁을 하더라도 생명의 소중함을 한시도 잊어서는 안 된다.

생명(生命)은 '살아 있는 목숨'이란 뜻과 '살라는 명령'이란 뜻이 함께 있다. 치열한 전쟁터에서도 어린이 한 명의 생명을 구하기 위해 교전을 일시 멈추기도 하고, 또 우리가 수만 명이 숨진 재난 현장에서도 생존자 한 사람을 구해내면 환호를 보내는 것은 그만큼 단 한사람의 생명도 소중하기 때문이다. 인격을 갖춘다는 것은 한마디로 사람을 사랑하는 것이고 사람을 사랑한다는 것은 무엇보다도 사람의 생명을 소중하게 생각하는 것이다.

군대는 비록 전쟁을 하는 조직이지만 이는 결코 생명을 경시해서가 아니라 우리 국민의 소중한 생명을 지키기 위한 불가피한 일이기 때문이다. 또 전쟁터에서도 비록 적국일지라도 양민의 생명은 소중하게 지켜주어야 하는 것이다.

내가 바라는 대로 남에게 먼저 해주라

더불어 사는 지혜의 둘째 요소는 남을 나만큼 소중하게 생각하며 상대방을 존중하고 배려하는 것이다. 그래서 "남이 나에게 해주기를 바라듯 남에게 먼저 해주라"고 하는 예수의 가르침이 기독교 정신의 황금률이 되었고, 공자도 기소불욕 물시어인(己所不欲 勿施於人), 즉 자기가 바라지 않는 것은 남에게 행하지 말라고 가르쳤던 것이다.

또한 세상엔 독불장군이 있을 수 없다는 것을 알아야 한다. 사람은 주변 사람들과 서로 도움을 주고 받으며 살아가게 되어 있다. 주변을 경쟁의 상대로만 생각하는 것은 짧은 생각이다. 너도 좋고 나도 좋은 윈-윈의 자세를 가져야 하며, 때로는 내가 먼저 양보도 할 줄 알아야 한다. 이런 마음이 우리가 사는 세상을 더 살맛 나고 아름다운 곳으로 만들어 줄 뿐 아니라 결국 자기 자신에게도 더 큰 이익으로 돌아온다는 이치를 잘 알아야 한다. 내가 바라는 대로 남에게 먼저 해주어야 한다.

자신의 도리를 다해야 한다

더불어 사는 지혜의 세 번째 요소는 각자의 책임과 도리를 다하는 것이다. 세상은 여러 사람이 모여서 하나의 유기체를 이룬 것과 같다.

그래서 각자가 모두의 위치에서 자기 역할과 기능을 잘 수행해야 하며, 공공의 질서와 윤리를 잘 지켜야 한다. 우리 군대도 지휘관은 지휘관으로서, 참모는 참모로서, 실무자는 실무자로서의 역할을 잘 해야 한다. 또 장교는 장교답게, 부사관은 부사관답게, 병사는 병사답게 처신하고 행동해야 한다. 남의 역할과 도리를 탓하기에 앞서 나의 역할과 도리부터 충실히 잘 해야 하는 것이다.

나누며 살아야 한다

더불어 사는 지혜의 네 번째 요소는 나누는 것이다. 세상에는 있는 자와 없는 자가 현실적으로 존재하고 있다. 이것은 인간이 가지는 구조적 현실이다. 이를 근본적으로 해결하는 유일한 길은 모든 사람들이 나눔의 가치를 깨닫고 이를 행동으로 실천하는 것이라고 생각한다.

세상에는 많은 부자들이 있는데 그들이 존경받고 안 받고는 얼마나 나눔을 실천했나 안 했나이다. 철강왕 카네기, 마이크로소프트의 빌 게이츠 회장, 경주 최부자 같은 사람들은 자기들이 이룬 부를 아낌없이 나누어 세상의 존경을 받는다. 충남대에 가면 공연이나 큰 회의를 할 수 있는 정심화 홀이 있다. 이 홀은 김밥을 팔아 평생 모은 전 재산을 학교에 기증한 정심화 할머니의 이름을 따서 만든 것이다.

진짜 나눔이 무엇인지는 꽃동네의 최귀동 할아버지가 잘 보여주고 있다.

충청북도 음성군에 처음 세워진 꽃동네는 노인, 부랑자, 알코올 중독자들을 돌봐주는 시설이다. 오웅진 신부가 이러한 꽃동네를 만들게 된 배경에는 최귀동 할아버지가 있었다. 최귀동 할아버지는 일제강점기 강제징용을 당했다가 혹독한 노동과 고문으로 정신이상 증세를 보여 강제 귀국을 당한 후 걸인생활을 하게 되었는데, 병들고 장애가 있어 얻어먹을 힘조차 없는 사람들을 다리 밑에 모아놓고 매일 여기저기 돌아다니며 음식을 얻어다 이들을 먹이며 무려 30년 동안이나 보살폈다. "사람은 얻어먹을 수 있는 힘만 있어도 누구나 다 남을 도울 수 있다"는 최귀동 할아버지의 모습에 감동을 받아 오웅진 신부는 꽃동네를 만들게 되었다.

이처럼 나눔은 꼭 돈이 많아야만 할 수 있는 일이 아니다. 자기가 가진 것이 무엇이든 그것을 자기보다 못한 이웃에게 나누어 주면 그것이 바로 나눔이다. 노력봉사, 재능 나눔, 헌혈과 장기기증도 훌륭한 나눔이다. 나눔은 세상 모든 사람들의 의무다.

바르게 사는 용기

장교는 나라의 녹을 먹는 공직자이며 나라의 존망을 좌우하는 국가의 간성이다. 또 장교는 군대의 기둥으로서 부하들을 지휘통솔하는 사람이다. 따라서 장교는 공사를 분명히 하고 매사를 바르게 처리하며 하늘을 우러러 한 점 부끄러움이 없도록 해야 한다. 그렇지 않으면 부하들의 신뢰와 존경을 받을 수 없고 공무를 올바로 수행할 수 없다. 그래서 장교는 누구보다도 도덕적이며 정의로워야 한다.

그런데 공직자나 군인이나 사람인 이상 개인적인 욕망이 없을 수 없고, 또 사회에는 본인의 의도와 관계없이 이해관계가 얽힌 유혹이 언제나 있을 수 있으므로 공직자로서 바르게 살기 위해서는 끊임없이 자신을 돌아보고 때로는 개인적 불이익까지도 감내할 수 있는 용기가 있어야 한다.

이순신 장군이 발포만호를 하던 시절, 직속상관인 전라좌수사가 발포기지 영내에 있는 오동나무를 베어다가 거문고를 만들려고 하였을 때 '이것은 나라의 재산이라 사사로운 목적으로 내어줄 수 없다'고 거절했던 사례가 있다.

또 이순신 장군은 억울하게 강등되어 함경도에서 근무할 당시 인척관계에 있던 당시 이조판서 율곡을 한번 만나 보라는 고향친구 유성룡의 권유에 대해 "나와 율곡이 같은 덕수 이씨 문중이라 서로 만나보는 것도 좋지만 그가 이조판서 자리에 있는 한 내가 만나는 것은 옳지 못한 일이다"라며 사양했다.

이러한 이순신 장군의 처신은 얼핏 보면 세상을 어리석게 사는 것으로 볼 수 있으나 장군의 올곧은 성품이 결국 나라를 구하는 힘이 되지 않았던가. 이순신 장군이 군사적 능력만 탁월한 군인이었다면 당리당략과 권모술수가 판치는 당시 조선 사회에서 구국의 임무를 끝까지 완수하지 못했을 것이다. 오직 나라와 백성들의 안위만을 생각하며 불의와 타협하지 않고 바르게 사는 용기를 가졌기에 부하와 백성들로부터 절대적인 존경과 신뢰를 받았고 그래서 기적 같은 승리들을 만들어 낼 수 있었던 것이다.

안중근 장군도 견리사의(見利思義), 즉 이익 되는 것을 보면 정의로운지를 먼저 생각하라고 하였다. 군인은 공무를 집행함에 있어 사심이 없어야 하고, 불의나 불법과는 당당하게 맞설 수 있는 용기가 있어야 한다.

고려시대의 명장 최영 장군은 황금 보기를 돌같이 했던 깨끗한 장군이었다. 공직자 특히 군인은 청렴해야 하며, 돈의 유혹에 넘어가 부정과 비리를 저지르는 부도덕한 일은 절대 있어서는 안 된다.

진정한 배짱

리더에게 있어서 바르게 사는 용기의 중요한 요소 하나는 진정한 배짱을 가지는 것이라고 나는 생각한다.

리더를 리더답게 만드는 핵심적인 요소는 결단하고 책임지는 것인데 이를 위해서는 진정한 배짱이 반드시 필요하다.

배짱이 있다는 것은 어떤 상황에서도 기죽지 않고 단호하고 침착하게 대응할 수 있는 여유와 담대함을 가지는 것이다. 사실 세상을 살다 보면 실력은 비슷한데 현장에서 발휘하는 능력은 차이가 있는 경우가 많은데 이것은 진정한 배짱에서 우러나오는 자신감이 결여되었기 때문이다. 특히 전쟁상황은 매우 급박하게 상황이 전개되기 때문에 우유부단하여 적시에 결단을 내리지 못하면 실기하여 모멘텀을 살리지 못하거나 패배하는 경우가 많다.

여기에서 우리가 착각하지 말아야 할 것이 있다. 배짱이 있다는 것이 판단도 제대로 하지 않고 두려움도 없이 경거망동하는 것을 말하는 것은 아니다. 진정한 배짱은 두려움이 없는 것이 아니라 두려움을 극복하는 것이다.

전쟁영웅이나 위인들의 사례를 보거나 나의 경험에 비추어보면 두려움은 닥쳐올 위험을 이성적으로 인식하는 것, 즉 위기의식을 가지는 것이고 겁을 먹는 것은 그 위험을 정서적으로 인지하여 불안을 느끼는 것이다. 그래서 리더는 닥쳐올 위험에 대해서 겁을 먹어서는 안 되지만 냉철한 위기의식을 가지고 그 위험을 극복할 수 있어야 하는데, 진정한 배짱이 있어야 겁을 먹지 않고 냉철한 이성으로 당당하게 위기를 타개할 수 있다.

배짱은 타고나는 면도 있지만 진정한 배짱은 키워지는 것이라고 나는 생각한다. 사관학교에서는 생도들에게 호연지기를 키워주는 노력을 많이 하는데 이것이 바로 진정한 배짱을 길러주기 위함이다. 호연지기는 기본적으로 올바른 인격과 강인한 심신 속에서 나온다.

덕(德)

예로부터 덕(德)은 사람이 갖추어야 할 인격적 요소의 가장 높은 덕목으로 생각되었다. 최고의 인격자를 덕이 있는 사람으로 보았고 군대에서도 최고의 지휘관인 장군의 리더십은 덕이며, 나라를 다스림에 있어서도 덕치(德治)를 최고의 정치리더십으로 생각하였다.

그러면 덕이란 무엇인가? 덕의 핵심은 '자기 자신을 낮출 줄 아는 겸손함과 어느 누구도 끌어안을 수 있는 넓은 포용력, 스스로를 통제할 수 있는 절제력, 그리고 아낌없이 베푸는 것'이라고 나는 생각한다. 그런데 아낌 없이 베푸는 것은 더불어 사는 지혜에서 말한 나눔과 같은 정신이어서 여기에서는 겸손, 포용, 절제만 언급하고자 한다.

겸손함

『삼국지』를 보면 촉의 왕인 유비가 나온다. 유비는 지략으로 보면 제갈공명을 당할 수 없고, 무용이나 전장에서의 지휘능력을 보면 관우나 장비나 조자룡을 당할 수 없는 인물이다. 하지만 유비가 이처럼 출중한 인물들을 휘하에 거느릴 수 있었던 것은 무엇 때문이었을까? 그것은 바로 유비가 덕이 뛰어난 인물이었고 특히 겸손하였기 때문이다. 유비가 제갈공명을 책사로 모셔오는 과정은 '삼고초려'라는 유명한 고사를 만들어 냈다. 세 번씩이나 제갈공명을 찾아가 겸손하고 정중하게 간청하여 제갈공명을 감동시켰던 것이다. 유비의 이러한 겸손이 훌륭한 인물들을 휘하에 둘 수 있었던 가장 큰 힘이었다. 바다가 세상의 모든 물을 다 받아들일 수 있는 것은 무엇보다 가장 낮은데 있기 때문이다.

포용력

우리나라 역사상 최고의 태평성대를 이룬 세종대왕의 리더십은 모든 리더들의 귀감이다. 세종대왕께서 이런 위대한 업적을 이룰 수 있었던 핵심적인 리더십 요소는 포용력이라는 데 많은 사람들이 동의한다.

세종대왕은 반대의견도 기꺼이 들음으로써 최고의 중지를 모을 수 있었고 신분에 구별없이 능력위주로 인재를 등용하였다.

그리고 2차 세계대전 시 연합군이 결정적으로 승기를 잡은 것은 노르망디 상륙작전인데, 당시 루스벨트 미국 대통령은 '다국적군으로 편성된 사상 최대 규모의 부대를 누가 지휘하게 할 것인가'를 가지고 고민한 결과 아이젠하워 장군을 적임자로 선정했다. 이때 가장 중요하게 고려한 것은 아이젠하워가 포용의 리더십을 가진 장군이라는 점이었다.

나는 군생활을 하면서 능력이 좀 부족하다고, 출신이 다르다고, 또는 내 스타일이 아니라며 부하들을 끌어안지 못하는 리더들을 많이 보았다. 결국 그는 똑똑한 몇 사람, 같은 출신 몇 사람, 자기에게 아부하는 예스맨 몇 사람만 데리고 부대와 조직을 이끌어가게 되어 구성원 모두의 능력을 마음껏 쓰지 못하였다. 그것이 평시가 아니라 전시였다면 그런 부대는 백전백패 했을 것이다. 손자도 상하동욕자승, 즉 리더와 구성원이 한마음이 되면 승리할 수 있다고 하였는데 이것의 원천은 바로 리더의 포용력이다.

절제

겸손, 포용과 더불어 큰 인물이 되기 위해 필요한 필수적인 덕목은 바로 절제다.

절제는 한마디로 할 수 있는 것을 함부로 하지 않는 것을 말한다. 언론에 종종 상사에 의한 갑질이나 성추행 같은 문제들이 나오는 것은 권력과 우월적 지위를 절제하지 못하고 함부로 쓴 결과다. 돈 있는 자가 돈을 함부로 쓰지 않고, 지위와 권력을 가진 자가 지위와 권력을 함부로 쓰지 않아야 그 돈과 지위와 명망에 흠이 가지 않고 오래오래 존경받으며 명망이 진정한 명예로 이어질 수 있는 것이다. 특히 군인은 생명을 앗아가고 모든 것을 한 순간에 잿더미로 만드는 무력을 관리하는 사람이므로, 이것을 절제있게 사용하는 것이 무엇보다 중요하다. 그래서 공자님도 과유불급

(過猶不及), 즉 '지나친 것은 모자란 것이나 같다'고 하셨다. 나는 장군이 되면서 이 말씀을 늘 책상에 붙여 놓고 보았고 남에게는 관용을 베풀되 자신에게는 엄격한 사람이 되어야 한다고 생각했다.

우리가 절제해야 할 또 하나의 중요한 요소는 '화를 다스리는 것'이다. 많은 사람들이 후회하고 인간관계를 그르치는 큰 이유 중의 하나가 바로 화를 참지 못한 것이다. 남을 배려하는 마음과 바다같이 넓은 포용력으로 사람을 대하고, 매사에 감사한 마음을 가지는 사람이 되면 화날 일도 많이 생기지 않을 뿐 아니라 화가 생기더라도 쉽게 풀 수 있게 된다. 그래서 인격이 참으로 중요한 것이다.

감사하며 즐겁게 살 줄 아는 여유

이어령 교수는 『젊음의 탄생』에서 知의 피라미드를 논하면서 공자 이야기를 하고 있다. 공자는 자신의 정치적 이상을 실현하고자 여러나라를 돌아다니며 각국의 제후들을 만나보았지만 무력이 지배하던 전국시대에 공자의 말에 귀를 기울이는 사람은 없었다. 그래서 공자는 정치의 뜻을 접고 노나라로 돌아가던 중 인적 없는 골짜기에서 보아줄 사람이 없어도 그윽한 향기를 만들어 내며 아름답게 피어 있는 난초의 모습을 보고 군자(君子)의 도를 깨달았다. 그 깨달음이 논어의 첫 구절에 나오는 '인불지이불온 불역군자호(人不知而不慍 不亦君子乎)'다. 즉 '남이 알아주지 않아도 이를 탓하지 않는다면 진정한 군자가 아니겠는가'이다. 이처럼 자족할 줄 알고, 나아가 주어진 모든 삶에 감사하는 마음을 가질 줄 안다면 금상첨화가 될 것이다.

공직은 쓰여지는 것이다

이순신 장군은 늘 나라가 나를 쓰는 한은 신명을 바쳐 공직을 수행하지만 나라의 쓰임이 끝나면 기꺼이 시골로 돌아가 농사를 짓겠다고 말하였다. 물론 요즘은 선거를 통해 공직에 나아가기도 해서 공직을 쟁취한다는 생각을 갖기도 하지만, 이것 또한 근본취지는 국민에 의해 직접 쓰임을 받는 것이니 공직이란 본시 나라와 국민에 의해 쓰여지는 것이다.

그런데 공직사회는 위로 올라갈수록 자리는 줄어들 수밖에 없는 구조이고, 상위직으로의 진출 여부는 나라와 조직과 상관이 판단하게 되어있다. 우리는 이를 자연스럽고 당당하게 받아들이는 여유 있는 마음자세가 필요하다. 특히 군인에게는 군과 나라가 나를 필요로 해서 쓰는 한은 신명을 다 바쳐 헌신하다가, 그 쓰임이 다하면 그 시기와 지위가 언제, 어디든지 간에 기꺼이 받아들이는 군자다운 마음자세가 더욱 필요하다고 생각한다.

리더에게 여유는 필수다

군인이라는 직업은 무력을 관리하고 전쟁에 대비하는 것이 기본적 업무인 직업이다. 그러니 모든 일이 항상 긴장되고 무미건조하기 쉬우며, 어떤 직업보다 스트레스가 많고 마음의 여유가 없을 수 있다. 그러나 긴장과 스트레스를 적절히 풀지 못하고 마음의 여유가 없는 것은 결코 바람직하지 않다.

여러분은 작전을 할 때는 예비대를 반드시 편성해야 한다는 교리를 잘 알 것이다. 어떤 상황에도 융통성 있게 대비할 수 있도록 예비대를 편성하는 것은 전투에서 승리하는 데 반드시 필요한 요소다.

리더에게 있어 마음의 여유란 작전시의 예비대와 같다고 나는 생각한다. 왜냐하면 지휘관이 마음의 여유가 없으면 평상심이 흐트러지고 균형과 조화의 감각을 잃을 수 있어 상황에 올바르게 대처하지 못할 수 있기 때문이다. 군대의 지휘관은 모든 상황을 냉철하게 객관적이고 종합적으로 보아야 하는 사람이므로 어떠한 상황에서도 의연하고 침착해야 한다. 그래서 리더에게는 여유가 반드시 있어야 한다.

그런 차원에서 요즘은 유머 리더십이 각광을 받고 있다. 군대에서도 지휘관의 멋진 유머 한마디는 부하들의 불필요한 긴장을 풀어주고 생활에 활력을 주며 원활한 의사소통의 촉매가 될 수 있다.

백만불짜리 미소를 가진 아이젠하워 장군도 유머감각은 지도자가 갖춰야 할 덕목 중 하나로 사람들과 잘 어울리고 임무를 수행하는데 필수적 요소라고 말하였다. 외국 전쟁 영화를 보면 전선에 나타난 장군이 병사들에게 조크를 하며 대화하는 장면을 흔히 목격할 수 있다. 그것은 단순한 양념거리가 아니다. 언제 죽을지 모르는 긴장과 공포속에서도 농담을 건넬 수 있는 것은 대단한 배짱이 아니면 할 수 없는 일이며, 지휘관의 이러한 모습은 부하들에게 큰 자신감과 평상심을 갖게 하고, 지휘관에 대한 신뢰도를 높이는 중요한 요소다.

즐겁게 사는 지혜

뜻은 높게 가지고 일은 야무지게 하되 일상적 삶을 기쁘고 즐겁게 사는 것은 소중한 삶의 지혜라고 생각한다.

우리가 가치 있는 삶, 성공하는 삶을 살기 위해 큰 꿈과 높은 뜻을 가지고 열심히 일을 하는 가운데도 일상적인 생활은 기쁘고 즐거운 마음으로 살고, 그래서 사람에게 있어 가장 기본적이고 보편적 바람인 행복도 함께 누리는 것의 의미를 소홀하게 생각해서는 안 된다. 이러한 삶의 자세가 행복한 삶을 만들어 줄 뿐 아니라 일의 효율과 생산성도 높인다는 것은 이미 잘 알려진 사실이다.

군인에게도 행복의 샘인 가정을 소중히 생각하고 매사에 감사하며, 언제나 웃으며 즐겁게 살 줄 아는 삶의 지혜가 꼭 필요하다. (행복한 삶에 대해서는 저자의 또다른 저서인 『청춘들을 사랑한 장군』을 참고하길 바란다.)

균형과 조화의 감각

가끔 특정 건강보조식품 하나를 가지고 건강을 다 지키는 것처럼 광고하는 것을 보는데 이것은 어디까지나 일정부분에 대해서만 사실이고 만병통치약 같은 식품은 세상에 없는 것이다. 의사들이 한결같이 말하는 건강 식단은 편식하거나 과식하지 말고 이것 저것 골고루 적절한 양을 먹으라는 것이다. 균형과 조화의 감각은 우리가 마음을 쓸 때도 올바른 식사 습관 같이 어느 한쪽에 치우치거나 모자람이 없이 균형을 잘 유지하고 다른 요소들과 조화를 잘 이루는 것을 말한다.

마음을 쓰거나 일을 할 때 균형과 조화의 감각이 없으면 긍정적인 특정요소에만 치우치거나 독단적인 논리의 함정에 빠지게 되고, 반대 의견이나 문제점에 대해 충분한 대책을 수립할 수 없게 된다. 그래서 설득력도 떨어지고 나중에 많은 문제에 봉착하게 된다. 그리고 균형과 조화의 감각이 없으면 세상을 넓고 다양하게 보지 못하여 큰 인물이 되기 어렵다.

특히 리더에게는 이런 균형과 조화의 감각이 더욱 중요하다. 리더가 조직을 잘 이끌어가기 위해서는 숲과 나무를 동시에 보아야 하고, 현재를 정확히 파악하면서도 미래도 꿰뚫어 보아야 하며, 또 구성원들의 개성과 장점을 잘 살리면서도 서로 충돌하거나 갈등하지 않도록 잘 조정하고 통합할 줄 알아야 한다.

내가 대대장이 끝나갈 무렵 탈영사고가 연달아 발생하였는데 사고마다 나름의 원인이 있었지만 내가 임기 말이 되면서 부하들의 잘못을 쉽게 용서하는 등 엄함에 대한 균형감각이 느슨해진 것이 원인이라고 분석했다. 그래서 초심으로 돌아가 기본과 원칙을 굳건히 세우는 노력을 했던 경험이 있다.

사람이 개인적으로는 부처님이나 예수님 말씀처럼 얼마든지 용서하고 포용할 수 있지만 조직을 이끄는 리더의 입장에서는 그렇게 할 수 없다. 그래서 리더에게는 균형과 조화의 감각을 가지는 것이 참 어렵지만 절대 간과해서는 안되는 매우 중요한 일이다.

　그래서 군의 리더들은 초급간부시절부터 매사에 균형과 조화의 차원에서 한번 더 생각하는 것을 습성화해야 한다. 그런 자세는 틀림없이 여러분의 생각과 행동에 보다 큰 설득력과 공감을 가져다 줄 것이며 무슨 일을 하든 크게 잘못되는 것을 예방하고 큰 일도 무리없이 잘하게 만들어 줄 것이다.

좋은 습관이
좋은 인격을
만든다

인격은 앎이 아니라 행함이다

군인이며 리더로서의 길을 가는 간부들에게 요구되는 인격은 더불어 사는 지혜, 바르게 사는 용기, 덕, 감사하며 즐겁게 살 줄 아는 여유, 균형과 조화의 감각 이렇게 다섯가지 요소가 잘 갖추어진 인격이라고 말할 수 있다. 그런데 인격이란 아는 것이 아니라 행하는 것임을 알아야 한다. 『논어』에 보면 '군자는 자기가 한 말은 반드시 실천하고 나서야 그 다음 일을 행한다'고 했다. 이 말은 말보다 실천이 중요함을 강조한 것이다.

인격이란 다른 것이 아니라 바르고 착하고 남을 배려하는 마음이 행동화되고 습관화되어 일상적인 언행과 생활 속에서 자연스럽게 표출되는 것이다. 거짓을 말하지 않고 약속을 항상 지키며,

불의와 타협하지 않을 때 올바른 인격을 갖춘 것이라 할 수 있다. 품위 있는 말을 가려서 쓰고, 예의가 바르며, 남의 말을 경청하고 내가 먼저 양보할 줄 알 때 좋은 인격을 갖춘 것이라 할 수 있다. 항상 겸손하며 모두를 끌어안을 수 있고 어려움을 함께 나눌 줄 알면 덕이 있는 것이다. 남이 나를 알아주지 않는 것을 탓하지 않고 주어진 환경을 기쁘고 감사하게 받아들이며 하루하루를 즐겁게 산다면 실로 달관의 경지에 이른 삶이라 할 수 있다.

이처럼 인격은 앎 속에 있는 것이 아니라 행함 속에서 자라나고 완성되는 것이다. 그래서 인격은 도야하는 것이고 수련하는 것이다.

절차탁마

명검을 만들기 위해서는 수많은 담금질을 하고 두드려야 한다. 조각가는 원석을 가져다 자르고, 쪼고, 갈고, 닦는 과정을 수없이 거쳐 훌륭한 조각품을 만들어 낸다. 중국의 고전인 『시경(詩經)』에는 절차탁마(切磋琢磨)란 말이 있는데 이는 바로 고매한 인격을 갖추기 위해 조각가가 조각을 하듯이 자신을 끊임없이 갈고 닦아야 한다는 말이다.

내가 중위 때인 1978년 9월 11일의 내 일기에는 이렇게 쓰여 있다.

"인격수양에 등한하고 있다. 인간의 최고 가치인 인격, 최고의 자산인 인격, 고매한 인격의 소유자가 되어야 한다. 진(眞), 선(善), 미(美), 성(聖)을 고루 갖춘 참다운 인격자가 되어야 한다. 이것은 오로지 절차탁마에 의해서만 가능한 것이다. 자신에게 엄격해야 한다"

그러면 언제까지 이런 노력을 기울여야 할까? 인격이란 본시 죽을 때까지 갈고 닦는 것이다. 공자 같은 성인도 일흔이 되어서야 마음대로 행동해도 거리낄 것이 없게 되었다고 하지 않았던가? 그런데, 사회적으로 볼 때 대개 40대부터는 부하로서 보다는 리더로서의 역할이 커지고 자기 얼굴에 책임을 질 줄 아는 나이에 접어들었다고 볼 수 있다. 또 40대는 정말 큰 리더로 성장하느냐 아니면 그 선에서 머무르느냐가 결정되는 나이이기도 하다. 그래서 나는 적어도 40이 되기까지는 학생이 공부하는 수준으로 인격을 갈고 닦는데 힘써야 한다고 생각한다. 다시 말해 훌륭한 능력을 갖추기 위해 투자하듯이 훌륭한 인격을 갖추기 위해서도 시간과 노력을 투자해야 한다는 것이다.

40세까지 열심히 인격을 갈고 닦으면 부끄럽지 않은 사람이 될수 있고, 40세가 넘어서도 끊임 없이 인격을 갈고 닦으면 존경받는 인물이 될 수 있다.

말버릇이 정말 중요하다

훌륭한 인격을 갖추기 위해서는 늘 자기 자신을 돌아보고 모든 언행을 바르고 품위 있게 하도록 습성화시켜야 하는데, 그중 가장 중요한 요소가 무엇이냐고 묻는다면 나는 서슴없이 말버릇이라고 말하고 싶다. 사람은 인간관계 속에서 살아가야 하는데 인간관계를 가능하도록 하는 것이 의사소통이고 의사소통의 기본수단은 말이다. 그래서 인간관계에서 이루어지는 모든 일은 말로 시작해서 말로 끝난다고 해도 과언이 아니다. 이 말 한마디가 일을 잘 되게도 할 수 있고 못 되게도 할 수 있는 것이다. 그래서 '말 한마디로 천 냥 빚을 갚는다'는 속담이 생겼고 말 한마디 때문에 서로 등을 지는 사이가 되는 경우도 있는 것이다.

『물은 답을 알고 있다』의 저자 에모토 마사루의 연구 결과에 따르면 긍정적인 말을 들은 물의 결정체는 아름다운 모양을 하고 있는데 부정적인 말을 들려준 물의 결정체는 보기 흉하게 일그러졌다고 한다. 이러한 말의 효과는 양파 실험, 동물 사육 등에서도 입증된 바 있다.

우리 군의 병영문화에서도 가장 큰 문제가 언어문화다. 간부와 선임병들의 비인격적이고 저속한 언어폭력은 듣는 사람의 마음에 깊은 인격적 모멸감과 상처를 주고 병영 사고의 주요 원인이 되고 있다.

또 부부가 이혼하는 사례를 분석한 한 연구 결과를 보면 실제 이혼을 결심하게 되는 이유는 그들이 내세운 이혼의 명분보다 부부싸움을 하는 자세가 잘못된 경우가 더 많고, 그 잘못의 90%는 말을 잘못하는 것이라고 한다. 서로 상대방을 질책하고 비난하고 상처 주는 말로 부부싸움을 하다가 상처가 깊어지면 결국 돌아올 수 없는 길을 간다는 것이다.

좋은 말버릇을 가지는 것은 참으로 중요한 일이 아닐 수 없다. 품위 없는 말, 저속한 말은 쓰면 안 된다. 특히 군인은 적당히 욕도 할 줄 알아야 한다는 잘못된 생각을 가져서는 안 된다. 부하의 자존심에 상처 주는 말을 하지 않아야 한다. 언어폭력의 상처는 물리적 폭력보다 더 오래간다. 농담을 해도 남을 깎아내리는 말을 해서는 안 된다. 가능하면 부정적인 표현도 쓰지 않는 것이 좋다. 품위 있게 말하라. 말 한마디를 해도 들어서 기분 좋은 칭찬과 격려의 말을 하라. 이왕이면 정과 사랑을 담아서 말을 하라. 가능한 긍정적인 표현을 쓰는 것이 훨씬 좋다.

좋은 말버릇을 가졌다면 인간적 됨됨이의 절반은 이루었다고 말해도 좋다. 말버릇이 참으로 중요하다.

마음을 움직이는 리더가 진짜 리더다

진정한 리더십은 부하의 마음을 움직여
스스로 복종하고 참여하게 하는 것이다.
부하의 마음을 움직이기 위해서는
머리보다 먼저 마음을 써야 한다

리더는 누구인가?

리더는 임무와 부하에 대해 책임지는 사람이다

군대에서 리더는 지휘관(지휘자)이라고 부른다. 지휘관의 임무와 역할에 대해 군인복무규율에는 '지휘관은 부대의 핵심으로 부대를 지휘, 관리, 훈련하고 부대의 성패에 책임을 진다. 따라서 지휘관은 부대의 모든 역량을 통합하여 부여된 임무를 완수해야 한다'라고 명시되어 있다.

일본군의 통수강령에도 '전승은 장수가 승리를 믿는데서 비롯되고, 패전은 장수가 패배를 인정하는 데서 생긴다. 따라서 전투에서 최후의 판결을 내리는 것은 실로 장수에게 있다'고 하였다. 서양의 군사격언에도 '불량한 군대는 없다. 오직 부적당한 지휘관이 있을 뿐이다'라고 하고 있다.

이와 같이 군대의 리더는 전쟁이라는 극한 상황 속에서 적과 싸워 이겨야 하는 절대적인 임무를 수행해야 하며 그 결과에 대해 전적으로 책임을 져야 하는 사람이다.

군대의 지휘관에게는 이러한 임무를 수행하기 위해 부하가 있다.

세상의 어느 조직에나 리더와 부하가 있지만 군대에서의 리더와 부하관계는 매우 특별하다.

사회에서는 직장 내에서 업무수행이라는 영역에 한해서 상하관계가 형성되지만 군대는 전쟁이라는 특수상황에 대비해 상시적으로 운용되는 조직이기 때문에 일단 군에 입대를 하고 나면 일상적인 의식주 문제부터 전장에서 생사를 가르는 상황까지 리더가 모든 것을 보살피고 돌봐주어야 할 책임이 있다.

그래서 임무완수와 부하관리는 지휘관의 절대적 과제이며 지휘관 책임의 알파고 오메가이다.

사람이 우선이다

임무와 부하, 어느 것이 우선인가? 당연히 임무가 우선이다. 지휘관은 바로 부여된 임무를 완수하기 위해 존재하기 때문이다.

그런데 이 임무를 누가 수행하는가? 바로 부하들이다. 내 부하한 사람 한 사람이 강인한 정신력과 체력, 그리고 전투기술이 뛰어난 전사(Warrior)로 양성되어 있고 지휘관과 한마음 한뜻이 되면 어떠한 임무도 성공적으로 수행할 수 있게 되는 것이다. 특히 부하들이 지휘관과 한마음 한뜻이 되지 않고서는 임무를 성공적으로 수행할 수 없다.

부하들이 지휘관과 한마음 한뜻이 되기 위해서는 지휘관이 부하들로부터 마음에서 우러나는 신뢰와 존경을 받아야 한다. 부하들로부터 마음에서 우러나는 진정한 신뢰와 존경을 받기 위해서는 부하를 진실로 소중하게 생각하고 부하의 생명을 지켜주며 복지를 도모하는 데 최선을 다해야 한다.

지휘관에게 있어 임무는 당연히 최우선적 과제이지만 이 임무를 성공적으로 달성하기 위해서는 부하들이 진심으로 지휘관과 뜻을 같이해야 하며 그러기 위해서 지휘관은 부하들을 내 자식처럼 잘 돌봐줘야 한다. 그래서 지휘관은 늘 사람이 우선이라는 생각을 가져야 한다.

부사관도 리더십을 소홀히 해선 안 된다

부사관은 장교만큼 많은 부하를 거느리지 않으며, 견장을 차고 지휘를 하는 경우는 분대장, 반장, 소대장 등 하급제대이다. 그러나 부하의 많고 적음에 관계없이 리더십의 기본원리는 모두 같으며, 또 각급 제대별로 있는 주임원사처럼 수행하는 직책과 직위에 따라 장교에 준하는 리더십을 필요로 하는 경우도 얼마든지 있다.

주임원사는 육군규정에 명시된 것처럼 해당제대의 사병 참모로서의 기능을 수행함과 아울러 해당제대의 모든 부사관을 지도하고, 관리하며, 대표하는 역할을 수행해야 한다. 따라서 주임원사직을 수행하거나 고급제대 참모직을 수행하는 부사관들은 고급제대 리더십까지 발휘할 줄 알아야 한다.

리더십의 요체는
부하의 마음을
움직이는 것이다

리더십의 하드파워와 소프트파워

리더란 한마디로 구성원에 대해 영향력을 행사하여 조직의 목표를 달성하는 사람이며 이 영향력을 어떻게 행사하느냐가 리더십의 관건인 것이다.

영향력이란 부하들을 움직이게 하는 힘인데 부하들을 움직이게 하는 힘은 크게 두 가지로 나누어 볼 수 있다고 생각한다.

하나는 강제적 힘, 즉 하드파워(Hard Power)고, 또 다른 하나는 비강제적 힘, 즉 소프트파워다. 하드파워는 구성원들의 의사와 관계없이 강요되는 힘이다. 군인의 경우는 군복을 입는 순간 군령에 따라 상관의 명령에 복종해야 하고 이에 불복할 경우 군법에 의해 처벌을 받게 된다. 회사원의 경우는 회사에 입사하면 회사에서 일정액의 보수를 주고 그 보수에 상응하는 만큼의 일을 하는 계약관계가 성립된다. 이렇게 기본적으로 법이나 계약관계 등 제도적 장치에 의해 사람을 움직이는 힘을 하드파워라 할 수 있다.

또 다른 힘인 소프트파워는 팔로워들의 마음을 움직여 팔로워 스스로가 리더의 요구에 자발적으로 복종하고 참여하게 하는 힘을 말한다.

지휘관이 부대에 부여된 임무를 성공적으로 완수하기 위해서는 하드파워와 소프트파워 모두를 적절히 잘 구사하여야 한다. 조직을 이끌어가는 기초적 힘은 하드파워로부터 나온다. 그러나 실로 조직에 부여된 임무를 성공적으로 완수할 수 있을 것인가의 여부는 소프트파워에 의해 더 큰 영향을 받는다.

하드파워는 조직과 구성원간의 기본적인 관계를 성립시키는 역할을 하지만 본질적으로 강요된 힘이므로 법이나 계약관계에 명시된 만큼만 움직이게 하는 한계가 있다. 다시 말해 하드파워는 천원을 넣으면 천 원짜리 물건만 나오는 자판기와 같은 힘이다. 그러나 소프트파워는 팔로워의 공감정도에 따라 참여의 정도가 다양하며 심지어 팔로워가 손해를 감수하거나 때론 하나뿐인 목숨까지도 내어놓게 할 수 있는 부드럽지만 강력한 힘인 것이다.

소프트파워가 마음을 움직인다

사람은 마음의 지배를 받는 존재이다. 사람은 법과 제도에 따라서 기계적으로만 움직이는 존재가 아니라 각자의 생각과 판단에 따라 스스로 움직이는 존재인 것이다. 그런데 사람은 각자마다 자기만의 가치관과 인생관이 있고, 정서와 취향이 다르다. 또한 사람은 누구나가 자신의 생명과 인격, 자신의 생각과 감정이 존중받기를 바란다. 따라서 리더는 이러한 사람의 본성을 잘 이해하고 이를 기초로 깊은 사고와 섬세한 배려를 통해 부하들을 이끌어야 그들의 마음까지 움직이는 리더십을 발휘할 수 있는 것이다. 그래서 리더십은 과학(Science)이나 테크닉(Technique)적인 요소도 있지만 술(術, Art)에 더 가깝다고 할 수 있다.

부하의 마음을
움직이는
5가지 Key

자, 그렇다면 어떻게 해야 부하의 마음을 잘 움직일 수 있겠는가? 특히 군대는 전쟁이라는 극한적 상황 속에서 임무를 수행해야 하며, 때로는 부하들이 하나뿐인 목숨까지도 기꺼이 내어놓도록 하지 않으면 안 되기 때문에 어느 조직의 리더보다 부하의 마음을 움직이는 최고의 리더십을 발휘해야 한다.

나는 군 생활을 통하여 리더십에 대한 많은 이론과 훌륭한 리더들의 사례를 공부하였고 또 소대장부터 군단장까지 다양한 지휘관 직책을 역임하면서 이 문제에 대하여 고민도 많이 했다. 그 결과 나는 부하의 마음을 움직이는 키는 다섯 가지라는 결론에 도달하였다. 그것은 바로 설득, 솔선수범, 인정과 칭찬, 사랑, 그리고 엄(嚴)함이다.

설득은 공감을 만들어 내는 것이다

설득이란 한마디로 '팔로워들의 공감을 만들어 내는 것'이다. 팔로워의 마음을 움직이기 위해서는 무엇보다도 먼저 팔로워가 리더의 생각에 동의하도록 하는 과정이 필요하다. 팔로워들의 지적 수준이 낮았고 정보가 리더의 전유물이었던 과거에는 리더의 카리스마나 권위만으로도 팔로워들을 따라오게 할 수 있었다.

그러나 이제는 교육이 보편화되어 리더와 팔로워 사이에 지식 수준에 차이가 없어지고, 언론의 자유가 보장되고 정보통신 수단이 발달하여 웬만한 정보는 리더와 팔로워가 공유하게 되었다. 따라서 무조건 리더를 믿고 따라오라는 식의 일방적 리더십으로는 팔로워들의 마음을 움직일 수 없다. 그래서 리더의 생각이 무엇이며 왜 그렇게 하고자 하는지 팔로워들을 이해시키고 설득해야 한다. 그래야 팔로워들이 논리적으로 공감할 수 있다.

또 팔로워들은 논리적으로 공감할 뿐만 아니라 정서적으로 공감할 때 가장 확실하게 마음을 움직인다는 것을 알아야 한다. 이치로 보면 너무도 당연한 일인데 팔로워들이 행동으로 옮기지 않는 것은 정서적 공감이 부족하기 때문이다. 사람은 이성과 감성을 함께 가지고 있는 존재이므로 논리적 공감만으로는 행동을 이끌어 내지 못할 수도 있다. 오히려 사람은 정서적으로 공감할 때 쉽게 움직이고, 논리적으로 공감할 때 신념화된 행동을 지속적으로 유지할 수 있는 것이다. 그래서 리더는 부하들의 정서적 공감까지 이끌어 낼 수 있도록 노력해야 한다.

설득, 이렇게 하면 잘 할 수 있다

설득의 목적을 잘 달성하기 위해서는 다음 네가지 요소가 필요하다고 생각한다.

첫째는 신념이 있어야 한다. 리더가 신념이 없다면 팔로워들의 공감을 이끌어 낼 수 없다. 나폴레옹은 항상 승리할 수 있다는 확신과 신념에 차 있었기에 부하들의 마음을 효과적으로 움직일 수 있었다.

세계에서 가장 가난하고 보잘 것 없었던 대한민국이 수천 년 동안 이어져 온 가난의 고리를 끊고 오늘같이 잘 사는 나라로 발전할 수 있었던 것은 박정희 대통령과 정주영 회장 같은 리더들이 '우리도 할 수 있다'는 신념을 가지고 모든 국민들의 마음을 긍정과 열정의 세계로 이끌었기 때문이다.

둘째는 팔로워와 눈높이를 맞추는 것이다. 리더의 목표가 뚜렷하고 신념이 투철하며 아무리 논리적이라고 하여도 팔로워들의 눈높이를 맞추지 못하면 팔로워들은 리더의 뜻을 이해하지 못하고 공감을 만들어 내지 못한다. 이는 특히 정서적 공감을 만들어 내는데 필수적이다. 네 번씩이나 숙명여대 총장을 연임했던 이경숙 전 총장은 학생들과 공감하기 위해 기꺼이 그들과 함께 춤을 추고 노래를 불렀다. 나도 지휘관 시절 병사들 교육을 할 때는 스포츠나 연예가 얘기를 하고 게임도 하는 등 병사들로 하여금 '우리 지휘관님도 우리와 대화가 통하는 분이구나'하는 생각을 먼저 갖도록 관심을 기울였다. 설득을 할 때는 팔로워의 언어와 정서로 설득하는 것이 효과적이다.

셋째는 언변술이다. 리더가 자신의 뜻을 팔로워들에게 전달하는 수단은 여러 가지가 있다. 그러나 가장 기본적이고 효과적인 수단은 '말'이다. 표현력의 중요성에서도 말한 바와 같이 똑같은 말이라도 어떻게 표현하느냐에 따라 전달 효과에 많은 차이가 있다.

넷째는 소통과 경청이다. 설득을 자신의 뜻을 부하들에게 일방적으로 전달하는 것으로 생각해서는 절반의 효과밖에 얻을 수 없다. 진짜 설득은 리더가 하고 싶은 말을 부하들이 스스로 하게 할 때 최고의 효과를 내는 것이다. 그래서 리더는 일방적 설득이 아니라 부하들이 허심탄회하게 말할 수 있도록 하고 그들의 말에 귀를 기울일 줄 알아야 한다. 임무성격상 불가피한 경우는 어쩔 수 없겠지만 가능한 경우에는 언제든지 부하들을 적극 참여시켜 그들로부터 참신한 아이디어와 중지를 모으고 반대되는 의견까지도 다양하게 들어봐야 한다.

사람은 자기가 참여한 만큼 그 일에 책임감을 느끼게 되어 있다. 비록 반대의견을 가졌더라도 자기가 의견을 충분히 개진할 기회를 가졌다면 그 사람은 그 일에 적극 참여하게 될 것이다.

2. 솔선수범

솔선수범 앞에는 안 따라올 부하가 없다

팔로워들은 논리적으로 설득되어도 아직 행동으로 옮기기를 주저하는 경우가 있다.

이때 이들을 결정적으로 움직이게 하는 것이 리더의 솔선수범이다. 리더 자신이 앞장서서 실천하는 것이 리더의 신념을 확실하게 보여주고 팔로워들의 정서적 공감을 이끌어내는 가장 효과적인 방법이다.

베트남 전쟁 시 아이드랑 전투에 참여했던 미군 무어 중령의 이야기를 다룬 〈We were Soldiers〉라는 영화에는 리더의 솔선수범이 무엇인지를 보여주는 감동적 장면이 나온다. 무어 중령은 제 7기갑연대 1대대장으로 임명되어 베트남으로 떠나는 출정식에서 자신의 부하들에게 말한다. "우리는 이제 전투하러 떠납니다. 나는 제군들이 살아서 돌아오도록 하겠다는 약속은 할 수 없습니다. 하지만 한 가지만은 맹세할 수 있습니다. 나는 가장 먼저 전투현장에 들어갈 것이고(First in), 가장 나중에 그곳을 나올 것입니다 (Last out)"라고 말하고 늘 진두에서 지휘함으로써 부하들은 그를 전적으로 믿고 따랐다.

위기 시의 솔선수범은 더욱 중요하다

특히 조직이 위기에 처했거나 어렵고 힘든 상황일 때 리더의 솔선수범은 조직의 사활을 좌우할 만큼 매우 중요한 요소다. 지휘관이 아무리 "공포에 떨지 마라! 과감하게 진격하라!"고 말해도 부하들을 공포감에서 해방시켜 주지 못한다. 이때 지휘관이 최일선에 나타나 진두지휘한다면 부하들은 용기를 얻어 기꺼이 위험에 뛰어들게 되는 것이다.

한국 전쟁 당시 한국군이 패전을 거듭하며 낙동강 전선에서 최후의 방어선을 구축했을 때 1사단장이었던 백선엽 장군은 지쳐 쓰러져 있는 병사들을 향해 "내가 맨 선두에 설 것이다. 나를 따르라! 내가 물러나면 나를 쏴라!"고 하면서 최일선에서 솔선수범함으로써 그 유명한 다부동 전투를 승리로 이끌 수 있었다.

리더는 어렵고 힘든 상황일수록 솔선수범을 해야 한다. 리더의 솔선수범이야말로 임무를 성공적으로 이끌 수 있는 가장 핵심적인 요소이다.

● 전투중 지휘자의 태도가 부하의 전의에 미치는 영향

제2차 세계대전 중 지중해전선에 출전한 미군 병사를 대상으로 "여러분의 경험으로 미루어 보아 장교들의 어떤 행동이 거칠고 몸서리치는 상황 속에서 여러분에게 자신감을 가져다줍니까?"라는 설문에 대한 답변

1. 솔선수범, 위험한 일을 스스로 함, 용기와 냉정을 보일 때 (31%)

2. 부하들을 격려, 농담, 원기를 북돋을 때 (26%)

3. 부하들의 안전과 복지에 대해 적극적 관심을 둘 때 (23%)

4. 공적 사무를 떠나 친절하게 대해 줄 때 (5%)

5. 기타 (15%)

3. 인정과 칭찬

팔로워들의 마음을 움직이는 세 번째 요소는 인정과 칭찬이다. 인정은 팔로워 한 사람 한 사람이 조직 내에서 꼭 필요한 존재이며 중요한 역할을 수행한다는 것을 인식시켜 주는 것을 말한다. 칭찬은 팔로워가 수행한 역할과 성과를 높이 평가해 줌으로써 보람과 기쁨을 느끼게 하는 인정의 한 방법이다.

인정은 사람의 기본 욕구다

모든 인간은 자신의 존재가치를 인정받고 싶어 한다. 미국의 심리학자인 윌리엄 제임스는 "인간 본성에서 가장 기본적인 원리는 인정받고자 하는 갈망이다"고 했다. 2차 세계대전 시 미 육군 참모 총장이었던 마샬 장군은 그의 저서『전장 속의 인간들』에서 나이 어린 병사가 전투 중 포탄에 맞아 죽어가면서 "중대장님, 중대원들이 항상 저더러 비겁한 놈이라고 …… 하지만 이번만은 저도 용감했지요? 인정해 주세요"라고 말하고, 중대장의 "그럼, 너는 정말 용감한 병사였다"라는 한마디에 얼굴에 웃음을 띠며 눈을 감는 장면을 감동적으로 보여주고 있다.

내가 지휘관으로 부임할 때마다 가장 먼저 하는 말은 부대원 한 사람 한 사람이 모두 나처럼 부대에 소중한 존재라는 말이다. 지휘관은 부대의 지휘관이니까 더 중요하고 병사는 단순한 일을 하니까 덜 중요하다고 생각해서는 안 되며, 역할이 다른 것이지 그 중요도는 부대의 승리와 성공적 임무완수에 똑같이 소중하다고 강조하는 것이다. 심지어 능력이 떨어져 고문관 소리를 듣는 병사도, 사고를 일으켜 문제아로 낙인찍힌 병사도 그들의 필요성과 가치를 인정해 주었을 때 그들은 최선을 다하여 임무를 수행하고 부대를 위해 놀라운 희생정신을 발휘하는 것을 많이 보았다.

칭찬은 고래도 춤추게 한다

이 말은 칭찬의 위력과 중요성을 잘 표현한 명언이 되었다. 칭찬으로 춤추게 할 수 있는 게 어디 고래뿐이겠는가? 연구 결과에 따르면 동물은 물론이고 식물까지도 사랑이 담긴 칭찬의 말을 들으면 잘 자란다고 하지 않는가?

부하들을 가장 신바람나게 하는 것이 바로 칭찬이다. 나는 부하들에게 훈시를 하거나 교육을 하는 모든 경우에 항상 칭찬부터 시작하였다. 심지어 부하들을 질책하고 벌을 주어야 할 때도 그들이 잘한 점들을 먼저 칭찬한 후에 질책하였다. 이렇게 하면 질책과 처벌의 목적도 더 효과적으로 달성하고 마음의 상처 같은 후유증도 남지 않는다고 생각한다.

칭찬은 가능한 공개적으로 해야 한다. 지휘관이 칭찬을 하는 것은 칭찬받을 일을 한 사람의 노고를 치하하는 의미도 있지만 이를 통해서 다른 조직원들에게 '나도 잘 해서 칭찬을 받아야겠다'는 동기를 유발시켜 주는 것에 더 큰 의미가 있는 것이다. 그래서 칭찬은 공개적으로 하는 것이 효과적이다.

또 나는 기대 칭찬과 맞춤식 칭찬을 적극 활용하였다. 기대 칭찬은 지금 잘 하는 것은 아니지만 앞으로 잘 할 것을 기대하고 미리 칭찬을 하는 것이다. 이것은 능력이 좀 떨어지거나 부정적 자세를 가진 부하들에게 효과가 있다. 능력이 부족하면 칭찬받을 일이 안 생기고 그러면 잘 하고 싶은 마음도 안 생기는 악순환이 생기기 쉽다. 부정적 생각을 가진 사람도 칭찬거리가 없기는 마찬가지다. 이때는 사소한 것도 적극 칭찬해 주고 또 너는 마음만 먹으면 정말 잘할 것 같다는 식으로 먼저 칭찬을 해주었다.

능력이 부족한 경우는 맞춤식 칭찬을 하였다. 부대에는 어느 하나도 제대로 하지 못하는 사람들이 항상 있게 마련이다. 이때 그 사람이 잘하는 것을 드러낼 수 있는 적절한 이벤트 등을 만들어서 칭찬을 해주었다. 일단 한두 번 칭찬을 받게 되면 사람은 변하게 되어 있다.

4. 사랑

리더의 사랑이란 팔로워와 고락을 함께하며, 팔로워를 진심으로 아끼고 배려하며, 나아가 부하에 대하여 책임을 지는 것이다. 한마디로 부하에 대한 사랑은 부하를 위해 마음을 쓰는 것이다. 부하의 마음을 움직이기 위해서는 머리보다 먼저 마음을 써야 한다. 팔로워들은 리더로부터 진정한 사랑을 느낄 때 리더와 진실로 한마음이 되고 리더를 위해 어떤 희생도 감수하게 된다.

● 오기 장군과 워싱턴 장군의 부하 사랑

중국 위나라 오기 장군의 일화는 군대의 리더십에서 사랑이 얼마나 중요한 요소인지를 잘 말해 주고 있다. 언제나 부하들과 고락을 같이 했던 오기 장군은 종기로 몹시 괴로워하는 병사의 고름을 입으로 직접 빨아주었다. 이러한 장군의 사랑에 감동한 병사는 장군의 은혜에 보답하고자 일선에서 누구보다 용감히 싸우다 전사했다. 미국 독립전쟁 당시 워싱턴 장군은 보초를 서는 병사가 피로에 지쳐 졸고 있는 모습을 보고 그 병사가 깰 때까지 그 자리에서 대신 보초근무를 서 주었다. 잠에서 깬 병사는 장군을 보고 벌을 받을까 두려워했지만 장군은 아무 일 없었다는 듯이 격려의 말을 남기고 떠났다. 뒷날 이 얘기는 삽시간에 전 병영에 퍼졌고 워싱턴 장군은 부하들로부터 더욱 신뢰와 존경을 받게 되었다.

부하가 리더로부터 진실로 사랑을 받는다고 느끼면 설득과 솔선수범이 굳이 필요하지 않은 완전한 신뢰단계로 발전할 수 있다. 예를 들어 소대장이 소대원들에게 소대가 수행해야 할 임무를 왜 해야 되는지를 소상히 설명하려 하면 소대원은 "소대장님! 이유는 설명하지 않으셔도 됩니다. 명령만 내리십시오"라고 말하게 된다. 소대원들은 소대장을 절대 신뢰하기 때문에 소대장이 명령만 내리면 되지 굳이 그들을 설득하지 않아도 된다는 것이다. 또 소대장이 위험한 일이나 궂은일을 앞장서서 하려고 하면 소대원들은 "소대장님! 이런 일은 저희가 하겠습니다. 소대장님은 더 중요한 일을 하십시오"라고 말할 것이다.

물론 아무리 부하들이 신뢰하는 단계에 갔더라도 리더의 설득과 솔선수범은 여전히 중요하고 꼭 필요한 요소지만 리더는 부하들로부터 이러한 신뢰까지 받을 수 있도록 부하들을 진실로 사랑해야 한다.

나도 부하들을 진심으로 아끼고 보살펴 주기 위해 내가 할 수 있는 정성을 다 기울였다. 부하들과 늘 동고동락하며 그들의 의식주를 보살피고 한 사람의 부하도 소외되지 않도록 관심을 기울였다. 중·소대장 때는 물론이고 대대장 시절까지도 한 달에 한두 번씩 직접 배식을 하고 수시로 아내와 함께 차를 들고 야간위문을 하였으며 행군을 한 후에는 전 부대원의 발을 일일이 확인한 후에 퇴근하였다. 부하를 영창에 보냈을 때는 꼭 면회를 갔고, 사단장·군단장 시절에도 명절에는 입원 환자들과 영창에 있는 병사들을 꼭 찾아서 위문하였으며, 형편이 어려운 부사관 가정을 아내와 함께 찾아다니며 꾸준히 돌보아주었다.

나는 지휘관을 할 때는 언제나 부하들을 위한 기도로 하루를 시작한다. 리더의 덕목 중에 으뜸은 부하에 대한 사랑이라고 나는 확신한다.

앞에서 말한 설득, 솔선수범, 인정과 칭찬, 사랑은 사람 마음의 긍정적 속성에 바탕을 둔 리더십이다. 그런데 사람의 마음에는 긍정적 속성만 있는 것이 아니다. 사람에게는 본성적으로 편함을 추구하고, 고통이나 수고로움을 피하고 싶고, 어떠한 통제로부터도 벗어나고 싶으며, 죽음을 두려워하는 등 조직목표 달성에 부정적인 요소도 있음을 알아야 한다. 그래서 리더에게는 사람 마음의 부정적 속성을 차단하고 잘못을 경계하기 위한 엄함이 함께 있어야 한다. 또 위기 시 등 상황이 긴박하거나 위중한 경우에는 단호함과 엄격함이 더 효과적일 수 있으므로 리더는 임무와 상황에 따라 적절한 리더십을 발휘할 수 있어야 한다.

내 경험으로 보아도 앞에서 말한 네 가지 요소, 즉 설득, 솔선수범, 인정과 칭찬, 사랑으로 대부분 부하의 자발적인 복종과 참여를 이끌어 낼 수 있었다. 그러나 일부 부하는 단호하고 엄격함이 오히려 그들의 마음을 효과적으로 움직이는 방법인 것 같았다. 부하들에게는 '우리 지휘관은 정말 우리를 사랑하시지만 잘못에 대해서는 절대 용서하지 않으신다. 함부로 잘못했다간 반드시 혼난다'는 인식이 꼭 있도록 해야 한다.

사랑을 바탕으로 하되 엄함이 반드시 함께 있어야 군인다운 군인, 군대다운 군대를 유지할 수 있고 임무도 성공적으로 완수할 수 있다.

소부대
리더십 12훈

초급간부들이 지휘하는 중대급 이하 소부대에서는 어떤 리더십을 발휘해야 하는가? 소부대 지휘를 잘 하기 위해서는 군대 리더의 기본적 책임인 임무완수와 부하관리, 중대급 제대는 모든것을 행동으로 구현하는 제대라는 생각, 그리고 부하의 마음을 움직이는 다섯 가지 요소들을 종합적으로 잘 고려해야 한다.

특히 중·소대장은 병사들을 직접 이끌고 전투에 임해야 하는 최일선 리더이기 때문에 병사들이 전쟁터에 나가는 데 필요한 세 가지 믿음에 대해 잘 알아야 한다.

첫째는 자기 지휘관에 대한 믿음이다. 중·소대장은 자기 부하들에게 '우리 중대장님, 우리 소대장님이라면 언제나 승리하고 나를 꼭 지켜주실 거야'하는 믿음을 줄 수 있어야 한다.

둘째는 자기의 능력에 대한 믿음이다. 나는 열심히 훈련했기 때문에 총도 잘 쏘고 전투기술도 좋으며 체력도 강인하여 어떤 적과 싸워도 이길 수 있다는 믿음이다.

셋째는 전우에 대한 믿음이다. '나는 혼자가 아니야! 내 옆에는 항상 사랑하는 전우가 함께 있고 내가 위험에 처하면 전우가 꼭 도와줄 거야'하는 믿음이다.

이러한 점들을 고려해 볼 때 나는 중·소대장이 다음과 같은 12 가지 요소를 명심하면 부대를 성공적으로 지휘할 수 있다고 생각한다.

1. 항재전장의식을 가져라

성공의 제2원리 '군대를 잘 알고 철저한 군인이 되라'에서도 말한 바와 같이 군대는 존재 목적 자체가 전쟁에 대비하는 것이다. 그래서 적의 기습적 공격에 대비하기 위해서는 항재전장의식을 가지지 않으면 안 되며 평시 적의 침투나 국지도발에 대해서도 똑같은 의식으로 대비해야 한다.

이러한 의식은 비단 적의 도발이나 공격뿐만 아니라 모든 부대 활동 시 있을 수 있는 각종 재해재난이나 안전사고 등에 대해서도 꼭 가져야 한다. 있을 수 있는 모든 상황을 미리 예측해 보고 그때 어떻게 대응할지 준비하고 필요한 것은 부하들에게 미리 교육해야 한다.

2. 부하를 진심으로 아끼고 보살펴라

부하들은 자신을 진심으로 아끼고 보살펴주는 리더를 신뢰하고 따르게 되어 있다. 특히 지휘관은 전시에 임무 완수를 위해 부하의 생명까지도 요구해야 된다. 그러기 위해서는 평상시에 부하의 생명을 진실로 소중하게 생각하고 아껴주는 자세가 중요하다.

월남파병을 앞두고 수류탄 투척훈련을 하던 중 부하의 실수로 수류탄이 병사들 주변에 떨어지자 머뭇거림 없이 자신의 몸을 던져 부하들의 목숨을 구하고 장렬히 산화한 강재구 소령이나, 천안함 구조작전 시 고령임에도 불구하고 부하들보다 앞장서서 임무를 수행하다가 순직한 한주호 준위 같은 상관을 따르지 않을 부하가 어디 있겠는가?

특히 중·소대장은 부하와 직접 접촉을 하는 지휘관이므로 부하들의 의식주부터 개인의 신상문제까지 성심성의껏 꼼꼼하게 보살펴주어야 한다.

3. 부하에게 잘 알려주고 부하의 말에 귀를 기울여라

앞에서 설명한 바와 같이 설득은 부하들의 마음을 움직이는 일차적인 요소이다. 특히 전장에서 전투를 하건, 평시에 훈련이나 기타임무를 수행하건 간에 가능한 한 부하들에게 상황과 임무, 목적과 취지 등을 소상하게 알려주는 것이 필요하다. 그래야 부하들의 적극적인 참여를 유도할 수 있다. 또 전장에서는 상황을 잘 알려줄 때 전장공황이나 전투피로증도 예방할 수 있다.

또한 부하는 단순히 리더의 생각과 지시를 받아들이는 대상이 아니라 조직을 구성하는 한 요소라는 점과 또 사람은 자기가 참여한 만큼 책임감도 생긴다는 원리를 잘 이해하고 부하들과 때와 장소에 관계없이 자연스럽게 의사소통이 이루어지도록 해야 한다.

4. 솔선수범하라

솔선수범의 가치는 두말할 필요가 없을 것이다. 부하들이 죽음을 무릅쓰고 기꺼이 적진에 돌진하도록 하는 데는 리더의 솔선수범만큼 확실한 것이 없다. 그래서 병사들을 최일선에서 이끄는 소대장을 돌격대장이라고 하는 것이다.

한국 전쟁 시 춘천지구 전투에서 수류탄과 화염병을 들고 앞장서서 적 자주포에 뛰어든 심일 소위, 월남전 시 해풍 작전에서 특공대원을 이끌고 월맹군 동굴을 앞장서서 수색하다가 장렬히 산화한 해병대 이인호 대위는 솔선수범을 행동으로 실천한 진정한 돌격대장이었다.

5. 강하게 훈련시켜라

지휘관은 전투를 승리로 이끌어 임무를 완수해야 하면서, 한편으로 부하들의 생명을 지켜주어야 할 책임이 있다고 했다.

앞에서 설명한 바와 같이 훈련은 부하의 전투능력을 높일 뿐만 아니라 전투에 임하는 자신감을 키워 전투효율을 배가시키고, 그만큼 부하의 희생도 줄일 수 있는 것이다. 훈련에서의 땀 한 방울이 전투에서의 피 한 방울을 대신한다는 말은 그래서 나온 것이다.

병사들에게는 무엇보다도 자신의 개인화기와 공용화기의 사격능력 및 응급조치 능력을 확실하게 가르치고, 강인한 체력을 키워야 한다.

각개전투를 통해 개인이 전장에서 어떻게 전술적 행동을 해야하며, 구급법을 가르쳐 야전에서의 생존능력을 키워주고, 유격훈련과 행군을 원칙대로 시켜 담대함과 지구력을 키워주어야 한다. 그리고 공용화기 사수, 무전병, 위생병 등 핵심 직책은 유사시 임무를 대행할 수 있는 멀티 플레이어를 양성해 놓아야 한다.

또 전투 시 자기 소대와 중대를 의도하는 대로 일사불란하게 움직일 수 있도록 제대단위 전술훈련을 실전적으로 확실하게 시켜야 한다.

6. 애대심과 전우애를 키워라

전투는 혼자 하는 것이 아니라 조직이 하는 것이다. 또 부하들은 전우와 더불어 싸운다는 믿음 때문에 전투에 자신 있게 임할 수 있는 것이다. 전투에 직접 참여했던 사람들의 증언을 들어보면, 고락을 같이 했던 전우가 적의 총탄에 쓰러졌을 때 가장 큰 적개심이 일어났다고 한다. 그렇기 때문에 부대가 단결되고 병사들 간에 전우애를 돈독히 하는 것은 전투임무 수행에 대단히 중요하다.

이를 위해 작전과 훈련은 물론이고 운동이나 작업 등을 할 때도 건제단위 활동을 생활화하고, 자기부대에 대한 긍지와 자부심을 키워 줄 수 있도록 해야 한다. 또한 전쟁터에 나가면 전우야말로 부모형제나 사랑하는 애인보다 나를 지켜줄 가장 소중한 존재임을 인식시키고 따뜻한 전우애가 강물처럼 흐르는 병영문화를 만들어야 한다.

7. 인정과 칭찬으로 기를 살려라

인정과 칭찬은 사람에게 살맛을 느끼게 하고, 기를 살려주는 최고의 방법이다. 자신의 중대원, 소대원 한 사람 한 사람이 우리 중대, 우리 소대에서 정말 없어서는 안 될 소중한 존재라는 것을 잘 인식시키고 칭찬을 통해 신바람을 불러 일으켜야 한다.

부대를 지휘하다 보면 틀림없이 능력이 떨어지고 말썽을 피우는 사람도 있을 수 있다. 또 잘못을 했을 때는 분명히 질책하고 벌을 주기도 해야 한다. 그렇다고 해서 부하들이 나는 이 조직에서 필요없는 사람, 짐만 되는 사람, 눈 밖에 난 사람이라는 생각을 갖게 해서는 안 된다. 질책을 할 때도 잘 한 점을 먼저 칭찬하고, 벌을 주더라도 따뜻한 마음으로 다시 격려해줘서 기까지 죽지 않도록 해야한다. 능력이 떨어지는 사람에게도 그 사람에게만 있는 장점을 잘 찾아서 인정하고 칭찬해주어 부대에서 한몫을 할 수 있도록 기를 살려주어야 한다.

8. 군대다운 기강을 확립하라

중·소대는 군대조직상 장교가 지휘하는 최하 제대이기 때문에 모든 활동이 병사들과 더불어 이루어지게 되어 있다. 그래서 어느 제대보다 리더의 솔선수범과 골육지정으로 부하들을 돌보는 것이 생활화되어야 한다. 그래서 자칫하면 리더로서의 권위를 잃거나 군대다운 기강이 흐트러지기 쉬운 취약점이 있다.

리더로서의 권위가 없어지고 군대다운 기강이 흐트러지면 전투를 할 수가 없게 된다. 그래서 중·소대장은 솔선수범하고, 골육지정으로 부대를 이끌면서도 리더로서의 권위와 군기를 엄정하게 확립하는 리더십을 발휘하도록 각별히 신경을 써야 한다.

부하와 함께 회식을 해도 흐트러진 자세를 보이면 안 되고 아무리 부하와 가까워져도 위계질서를 분명히 해야 하며, 부하의 잘잘못은 엄정히 가릴 줄 아는 균형과 조화의 지혜를 가져야 한다.

9. 침착하고 의연해라

전·평시를 막론하고 지휘관은 부대의 상징이자 절대적인 존재이다. 특히 위기 상황에서는 모든 부하들이 지휘관만을 쳐다보기 때문에 지휘관의 일거수일투족은 부하들에게 그대로 영향을 미친다. 그래서 지휘관은 어떠한 상황에서도 침착하고 의연하게 행동함으로써 부하들을 안심시키고 리더 자신도 냉철하게 상황을 판단하고 대책을 강구할 수 있어야 한다.

제1차 세계대전이 한창이던 1916년 8월 독일군의 한 중대장은 임무수행 상 한 오두막에 머물러야 했는데 주변에 포탄이 떨어져 중대원들이 침착성을 잃고 동요하자 일부러 이발병을 불러 태연

하게 머리를 깎음으로써 부하들의 동요를 막았다고 한다. 이것이
바로 지휘관다운 모습이다.

10. 원칙과 정도로 업무를 처리하라

리더가 리더십을 제대로 발휘하기 위해서는 리더다운 권위가 있어야 한다. 리더다운 권위란 팔로워들이 리더가 법적·제도적으로 가지는 권한과 위상을 마음으로부터 인정하고 따르게 하는 힘이다. 이러한 권위는 무엇보다 리더가 도덕적이며 매사를 원칙과 정도에 따라 처리할 때 생겨나는 것이다.

군대의 리더는 임무부여, 자원분배, 인사관리, 논공행상 등 매사를 처리함에 있어 한 점의 사심도 없이 특정 부하나 부대에 편파적이지 않으며, 오로지 원리원칙과 정도에 입각하여 업무를 처리해야 한다. 리더 자신이 도덕적이며, 매사를 공명정대하게 처리할 때 부하들은 불만이 없고 조직 내에 불협화음이 생기지 않으며 리더의 말에 이의 없이 따르게 되는 것이다.

11. 창조적 발전을 지향해라

병법에는 전승불복(戰勝不復)이란 말이 있다. 이 말은 같은 방법으론 계속해

서 승리할 수 없다는 뜻이다. 여러분이 전사를 공부하거나 삼국지 같은 책을 보더라도 적과 싸워 승리하기 위해 끊임없이 머리싸움을 하고, 새로운 방법을 연구하는 것을 많이 보았을 것이다.

전쟁은 적과의 싸움이기 때문에 적보다 한 수 위가 되지 않고서는 절대 이길 수 없다. 적도 우리를 이기기 위해 똑같은 노력을 기울이고 있기 때문이다. 그래서 늘 적의 예상을 뛰어넘고 적의 의표를 찌를 수 있는 작전과 전술을 구사해야 하는 것이다. 이러한 노력은 고급제대에서나 필요한 것이 아니다. 전투를 하는 모든 제대, 심지어 각개병사까지도 창의적 노력을 기울여야 적과 싸워 승리할 수 있는 것이다. 또 평상시 업무를 수행함에 있어서도 창조적 노력을 기울일 때 높은 성과를 올릴 수 있는 것이다.

12. 즐거움을 만들어라

요즘 젊은 세대는 모든 것에서 즐거움을 추구하는 Fun세대라는 특징이 있다. 그래서 교육과 놀이를 접목시킨 에듀테인먼트(Edutainment)가 크게 각광을 받는 것이다. 사회의 기업이나 직장에서는 업무의 창의성과 효율성을 높이기 위해 즐겁게 일할 수 있는 업무환경을 만들고자 다각적인 노력을 전개하고 있다.

군대라고 해서 모든 것을 경직되게 할 필요도 없고 또 그렇게 해서도 안 된다. 부대 업무도 즐거우면 더 잘 할 수 있다.

KCTC훈련 시작 이래 최우수 성적을 거둔 해병 1사단 71대대의 승리요인 중 하나는 강철 같은 체력이었는데 이를 위해 대대는 매일 두 시간 이상 체력단련을 했다고 한다. 그런데 이렇게 매일 반복되는 강훈련을 이겨낼 수 있었던 비결은 다양한 아이디어를 내어 재미있게 웃으면서 할 수 있도록 했기 때문이라고 한다. 지루할것 같은 정신교육도 골든벨 형식으로 하면 재미도 느끼면서 효과도 더 올라가듯이 부하들이 즐겁게 임무를 완수하고 병영생활도 할 수 있도록 즐거운 환경과 방법을 만들어 내는 것은 결코 해도 좋고 안 해도 좋은 일이 아니다.

신뢰받는 부하가 되어야 한다

팔로워십도 리더십만큼 중요하다.
팔로워십의 요체는 상관의 신뢰를 받는 것이며,
주인정신, 야무지게 일하기, 정직, 상관존중의 자세가
결국 상관의 신뢰를 만든다.

팔로워십도 리더십만큼 중요하다

군인은 언제나 누군가의 부하이다

간부, 특히 장교는 군에서 리더의 역할을 하게 된다. 소대장으로부터 참모총장에 이르기까지 각급제대의 지휘관은 그 직책에 맞는 리더로서의 역할을 수행한다. 참모의 역할을 수행할 때도 부서의 장으로서 예하 부서원들을 잘 지휘통솔해야 한다.

하지만 지휘관의 역할을 하는 중에도 그는 여전히 상관의 부하이다. 군에서 간부들은 항상 부하들의 리더이며, 상관의 부하인 것이다. 전쟁을 하는 군대에서 지휘관의 역할은 절대적이지만 지휘관만 잘 한다고 해서 승리를 보장할 수 있는 것은 아니다. 부하들 역시 훌륭하고 제 역할을 다할 때 승리를 확실하게 보장할 수 있는 것이다.

전쟁은 결국 조직으로 하는 것이고 전투력 또한 그 조직 전체 힘의 총화로 나타나는 것이기 때문이다.

독일군의 게네랄스타프(General Staff), 노르망디 상륙작전 시 아이젠하워 장군의 연합전투참모단, 태평양 전쟁 시 일본군의 대본영 참모들은 우수한 부하 참모들의 대표적 사례이다. 이순신 장군도 전투를 할 때 항상 휘하 장수들과 끊임없이 토의하며 그들의 중지를 모았고 휘하 장수들은 이순신 장군의 의도를 적극 구현하여 총체적 승리를 거둘 수 있었던 것이다.

그래서 리더십만큼 팔로워십도 중요하며 간부들은 리더십뿐만 아니라 팔로워십도 훌륭하게 갖추도록 노력해야 한다.

팔로워십이 간부들에게 있어 현실적으로 얼마나 중요한지는 간부들의 평정제도를 보면 알 수 있다.

평정은 간부들의 진급 여부를 판단하는 가장 중요한 자료가 된다. 그런데 누가 이 평정을 쓰고 평가를 하는가? 바로 자기의 상관이다. 상관이 자기 부하들의 능력과 품성 및 자질을 평가하는 것이다. 상관은 부하들의 리더십도 평가를 하지만 상관의 입장에서 보면 자연스럽게 팔로워로서의 자세를 많이 보게 되고 이것이 평가의 중요 요소가 될 것은 너무도 자명하다.

팔로워십의 핵심은 상관의 신뢰를 받는 것이다

팔로워로서 필요한 덕목은 리더로서 필요한 덕목만큼이나 여러 가지가 있다. 그러나 여기에도 요체가 있다.

팔로워십의 요체는 바로 '상관의 신뢰를 받는 것'이라고 나는 생각한다. 상관은 부하가 부여된 임무를 수행할 능력이 있는지와 또 인간적으로 믿을 수 있는지의 두 가지 요소를 가지고 부하에 대한 신뢰도를 판단한다.

그러면 상관은 어떤 부하를 신뢰할까? 능력도 훌륭하고 인품도 훌륭하다면 이것은 금상첨화일 것이다. 그런데 만일 어느 하나가 좀 부족하다면 어디에 더 신뢰를 둘까?

여러분은 토끼와 거북이의 우화를 잘 알고 있을 것이다. 토끼와 거북이가 달리기 경주를 하였는데 빠른 토끼가 중간에 잠을 자서 목표에는 느린 거북이가 먼저 도착했다는 단순한 이야기다. 이 이야기는 물론 거북이처럼 느리지만 성실하게 꾸준히 노력하면 목표에 먼저 다다를 수 있고, 토끼처럼 능력만 믿고 성실하지 못하거나 남을 무시해서는 안 된다는 교훈을 주기 위한 것이다.

그런데 만일 어떤 리더가 토끼와 거북이 같은 사람을 함께 데리고 있는데 누군가에게 중요한 심부름을 시키려고 한다면 둘 중에 누구를 시키겠는가? 빠르긴 하지만 딴 짓을 할 수도 있는 토끼 같은 사람을 시키겠는가, 아니면 느리지만 한눈팔지 않고 틀림없이 전달할 거북이 같은 사람을 시키겠는가?

물론 그 판단은 임무의 성격에 따라 능력적 요소가 우선할 수도 있고 임무를 수행하는 자세가 우선할 수도 있다. 그런데 그 임무의 중요도가 커지면 커질수록 능력보다 자세에 대한 신뢰가 더 중요해지는 것이 세상의 보편적 이치다. 능력이 아무리 훌륭해도 자세에 문제가 있으면 신뢰할 수 없고, 신뢰할 수 없으면 결정적 임무를 맡길 수 없는 것이다.

신뢰는 능력과 자세 모두가 좋아야 생기는 것이지만 능력보다는 자세가 더욱 중요한 요소라는 것을 알아야 한다.

그러면 어떤 자세를 가져야 신뢰받는 팔로워가 될 수 있을까?

나는 신뢰를 받는 팔로워가 되는 키는 첫째 주인정신, 둘째 야무지게 일하기, 셋째 정직, 넷째 상관을 존중할 줄 아는 자세라고 생각한다.

상관의 신뢰를 받는
4가지 Key

1. 주인정신

팔로워도 리더 같은 주인정신이 있어야 한다

상관이 신뢰하는 부하는 무엇보다도 주인정신을 가진 부하이다. 일반적으로 팔로워는 리더보다 조직에 대해 주인의식이 부족한 경향이 있다. 그래서 '시키는 것이나 잘하지 뭐.' '이것을 꼭 내가 해야 하나'라며 능동적이기보다 수동적이고, 적극적이기보다 소극적인 자세를 취하기 쉽다.

그러나 이러한 수동적이고 소극적인 자세, 주인이 아니라 머슴과 같은 자세를 가지고는 결코 그 조직에서 성공할 수 없다. 주인정신이란 글자 그대로 내가 이 조직과 이 일의 주인이라는 생각, 다시 말해 '임무를 부여한 리더처럼 생각하며 일하는 것을 말한다.

리더는 이런 자세를 가진 부하가 믿음직스러울 수밖에 없다. 또 이렇게 리더 같은 주인의식을 가진 팔로워가 나중에 그 조직의 리더가 되는 것이다.

현대그룹 창업주인 정주영 회장이 처음으로 직장생활을 시작한 것은 쌀가게 종업원이었다. 하지만 정 회장은 종업원이 아니라 정말 그 가게의 주인과 같은 자세로 열심히 일했기 때문에 가게 주인은 친아들 대신에 그 가게를 정주영에게 물려주었다. 이는 정 회장이 경영인으로서 내디딘 첫 걸음이었는데, 성공적인 첫 걸음의 바탕은 주인정신이었다.

위에서 설명한 바와 같이 성공한 지휘관, 성공한 CEO는 자신의 생활환경에서 그 여건이 불리하건 유리하건 간에 그에 개의치 않고 주어진 직분에 최선을 다한 사람들이었다. 오히려 여건이 어렵고 힘들수록 몸담고 있는 조직에 혼신의 노력을 경주한 사람들이 성공하게 마련이고 성공한 후에는 어렵고 힘든 여건에 있는 부하들의 심정을 쉽게 파악할 수 있기에 존경 받고 사랑 받는 리더가 될 수 있는 것이다.

불평불만하지 마라

초급간부들에게 당부하고 싶은 것 중에 하나가 제발 불평불만하지 말라는 것이다. 나는 지금까지 자기가 하는 일, 자기 조직,

자기 상관에 대해서 불평불만 많은 사람치고 잘 된 사람을 단 한 명도 보지 못 했다.

물론, 조직 발전을 위한 건전한 문제의식은 필요하다. 조직의 일원으로 일하면서 발견한 문제가 있으면 합리적 방법과 절차를 통해 당당하게 의견을 내야 한다. 건전한 대안까지 함께 제시하면 조직 발전에 크게 기여하는 팔로워가 되고 상관의 신뢰도 받게 될 것이다.

하지만 단순한 불평불만, 특히 뒤에서 하는 불평불만은 조직의 발전에 결코 도움이 되지 않으며, 오히려 조직의 화합과 단결만 저해한다. 또 자신에게도 건전한 대안론자가 아니라 단순한 불평불만론자라는 이미지가 생겨 상관의 신뢰를 잃게 되는 것은 물론이고 주변으로부터도 결코 신뢰받지 못하는 사람이 된다는 것을 알아야 한다.

책임은 떠넘기는 것이 아니다

일을 하다 보면 아랫사람을 데리고 하거나 인접 부서의 협조를 받아서 하는 경우가 있다. 상급제대로 올라갈수록 이런 일은 훨씬 더 많아지고 총괄업무를 하는 경우는 대부분 타부서의 협조를 받아서 일을 하게 된다.

이때 일이 잘못되었을 경우 그 이유를 아랫사람이나 협조 부서에 떠넘기는 경우가 있다.

이런 자세는 올바른 주인정신이 아니다. 일단 자기가 임무를 부여받았으면 아랫사람을 운용하고 관련 부서들의 협조를 받는 것도 자기 책임이다. 때로는 억울하다고 생각되는 경우도 있을 수 있으나 모든 책임을 기꺼이 자기가 지고자 할 때 상관은 더욱 신뢰하게 된다는 점을 알아야 한다.

공무가 우선이다

요즘 일부 젊은이들한테는 '봉급 받는 만큼만 일하고 자기의 삶을 즐긴다'는 생각이 있는 것 같다. 일견 쿨하게 보이기도 하고 봉급 받는 만큼 일하는 것을 가지고 탓할 수도 없다. 그러나 그런 사람은 거기가 끝이다. 더 큰 책임을 맡을 수는 없다는 말이다.

주말에 부대에 할 일이 하나 생겼다. 모두가 나올 필요는 없고 한 사람만 나와서 수고하면 될 일이다. 이때 기꺼이 자기의 사적 용무를 양보하고 그 일을 기쁘게 하는 사람과 휴일은 자기 삶을 즐겨야 한다고 생각하는 사람에 대한 상관의 신뢰는 다를 수밖에 없다.

어느 조직에서나 성공한 사람들의 사례를 보면, 필요시는 언제나 조직을 위해서 자신을 양보하고 즐거운 마음으로 그 수고를 감내한 사람들이었다.

2. 야무지게 일하기

상관은 야무지게 일하는 부하를 신뢰한다. 야무지게 일한다는 것은 상관의 의도를 명찰하고 빈틈없이 꼼꼼하게 마무리까지 하는 것을 말한다.

상관의 의도를 잘 알아야 한다

일을 할 때는 그 임무를 부여한 상관의 의도가 무엇인지를 잘 아는 것이 우선적 과제다. 밤을 새워가며 열심히 일을 했어도 그것이 상관이 의도하는 바와 다르다면 이는 헛수고일 뿐이다.

중대장이 소대장에게 A고지를 탈취하라고 했는데 B고지를 탈취했다고 생각해 보라. 중대장이 의도하는 목표 달성에 큰 차질을 빚었을 뿐만 아니라 소대원들의 노력을 불필요하게 낭비한 잘못 또한 클 것이다. 이는 물론 극단적인 예이지만 일을 하다 보면 유사한 사례가 발생할 수 있다.

임무를 확실하고 가장 효율적으로 수행하기 위해서는 임무를 부여한 상관의 의도부터 정확히 이해해야 한다. 이를 위해서 임무

복창을 생활화하고 지시받은 사항을 메모하는 습관을 들여야 한다. 또한 상사의 의도를 분명하게 이해하지 못했을 때는 반드시 상관에게 확인해서 그 의도를 명확하게 이해한 상태에서 임무를 수행해야만 한다.

혹 한 번에 똑바로 알아듣지 못했다고 야단맞을 것이 두려워 어정쩡한 상태에서 일을 하는 것은 우매한 짓이다. 야단을 한마디 듣더라도 "임무를 보다 확실하고 효율적으로 수행하기 위해서 한 번 더 여쭈어 보는 것입니다"하고 당당하게 말해 보라. 상관은 비록 한마디 하더라도 그런 확실하고 당당한 부하를 신뢰할 것이다.

이러한 차원에서 보고가 매우 중요하다.

보고는 아랫사람은 말하고 상관은 듣기만 하는 불필요하거나 번거로운 절차가 아니다. 보고는 상관과 부하간의 가장 중요하고 기본적인 의사소통 수단이다. 이러한 의사소통을 통해 상관의 의도에 부합되는 완벽한 임무수행이 가능해지는 것이다.

때를 놓치지 않는 적시적인 보고는 상사의 의도를 명찰하고 임무를 완벽히 수행하는 필수요소이다.

그리고 일을 할 때 그 일과 관련된 규정과 방침, 상급부대 지침을 잘 확인하고 과거 사례나 다른 부대 사례를 확인해 보는 것도 야무지게 일하는 매우 유용한 요소이다.

현장에 답이 있다

참모로서 임무를 수행하게 되면 Paper work가 업무의 주류를 이루게 된다. 이때 범하기 쉬운 잘못이 현장과 동떨어진 일을 하는 것이다. 특히 제대가 올라가면 대부분의 업무들이 예하부대에서 올라온 보고에 의존하게 되어 현장의 실상과 더욱 멀어질 수 있다.

비록 현실적으로 모든 현장을 일일이 확인해서 업무를 수행하는 것이 제한될 수 있지만 현장 감각은 반드시 가져야 하며, 시간과 여건이 허락하는 한 현장을 꼭 확인해 봐야 한다. 그래야 탁상공론이 아닌 실효성 있는 판단과 대책이 나올 수 있다.

상관은 책상에 앉아서 만든 번지르르한 보고서보다 발로 뛰고 손으로 만져 보며 현장의 실상이 생생하게 담겨 있는 판단과 대책을 더욱 신뢰한다.

특히 초급간부 시절에는 최대한 발로 뛰고 손으로 만져 보며 업무를 수행해야 군대업무의 실상을 알 수 있고 현장감각을 익히게 된다. 초급간부 때 익힌 현장 감각은 군 생활 내내 가장 중요한 밑천이 된다는 점을 잊지 말기 바란다.

이왕이면 명품을 만들어 보자

사람들은 명품을 좋아한다. 왜 그런가? 명품에는 그만한 가치가 있기 때문이다.

우리는 도공이 도자기를 만드는 모습을 TV 등에서 볼 기회가 있다. 흙으로 반죽을 만드는 과정부터 무늬를 그려 넣고 유약을 바르고 마지막으로 가마에 구워내는 모습을 보며 '참으로 정성을 다 하는구나'라고 생각한다. 그런데 도공은 가마에서 꺼낸 도자기를 하나하나 살펴보며 조금이라도 흠이 있거나 마음에 들지 않으면 공들여 만든 것을 가차 없이 깨어 버린다. 정말 마음에 드는 것만 골라 세상에 내어 놓는 것이다. 이런 것을 우리는 명품이라 한다.

이처럼 명품은 그것을 만든 사람의 혼과 열정과 창의적 아이디어가 담겨 있어 다른 것과는 차별화된 생명력 있고 완성도 높은 고품질의 결과물이다. 그래서 사람들은 명품을 높이 평가하고 선호하는 것이다.

옷이 상품화되는 과정을 하나 더 생각해 보자. 똑같은 원단을 가지고 똑같은 사람이 만들었다 하더라도 마지막 하나까지 꼼꼼하고 치밀하게 마무리하여 흠 하나 없는 옷이 되면 이 옷은 백화점으로 간다. 그런데 어딘가 소홀하거나 실수를 하여 흠이 하나라도 생기면 이 옷은 시장으로 간다. 기울인 노력을 보면 98%는 같은데 마지막 2%의 노력이 부족해서 하나는 백화점으로 가고 하나는 시장으로 간 것이다. 그런데 그 가격 차이는 0 하나가 더 붙고 안 붙는 엄청난 차이로 나타나게 된다.

부대에서도 작전, 훈련, 진지공사, 부대관리 등 어떤 업무를 하든 잘 하는 부대와 못 하는 부대에 차이가 있다. 이런 차이를 만드는 것은 바로 프로정신이다. 명품을 만들어 내는 도공의 장인정신과 같은 것이다.

자기의 일에 명예를 걸고 혼과 열정과 창의적 노력을 아낌없이 쏟아 부어 평범한 상품이 아니라 나만의 명품을 만들어 내는 그런 프로정신이 차이를 만드는 것이다. 상관은 그런 프로정신을 가진 부하를 신뢰한다.

3. 정직

상관을 속이는 것은 가장 큰 잘못이다

부하로서 필요한 덕목에도 여러 가지가 있지만 가장 중요한 것이 무엇이냐고 묻는다면 나는 단연 '정직'이라고 말하고 싶다. 부하가 능력이 부족하면 그것은 다른 방법으로 보완을 할 수 있어 임무 자체는 차질없이 완수할 수 있다.

그러나 부하가 정직하지 않으면 상관은 오판을 하게 되고 이는 임무 달성에 차질을 가져오게 된다. 상관에게 가장 중요한 요소는 부여된 임무를 완수하는 것인데 그 임무 자체에 차질을 빚게 하는 것은 어떤 것으로도 보상될 수 없다. 그래서 부하는 정말 정직해야 한다.

임무를 수행하다 보면 잘못할 수도 있다. 그렇다고 문책이 두렵고 자신에 대한 신뢰가 떨어질까 봐 잘못을 사실대로 보고하지 않는다면 그것은 상관과 조직에 더 큰 잘못과 전투에서의 패배를 가져오게 된다는 점을 명심해야 한다.

비록 잘못이나 실수가 있었다 하더라도 이를 정직하게 보고하면 상관은 다른 대책을 세워 임무 자체는 그르치지 않게 된다. 상관은 그 부하에 대해 일순간 화가 나거나 실망을 느낄지 모르지만 문책을 두려워하지 않고 정직하게 보고하여 더 큰일을 그르치지 않게한 부하를 오히려 더 신뢰하게 될 것이다.

신뢰는 능력보다 정직한 자세에서 생기는 것임을 알아야 한다.

잔꾀를 부리지 마라

직장에서 일을 하다 보면 많은 업무에 치이게 되고 때론 일이 제대로 안 되거나 잘못하는 경우도 생기게 된다. 이럴 때 흔히 잔꾀를 부리고 싶은 유혹에 빠지기 쉽다. 편법이나 눈가림식으로 업무를 처리하거나 임기응변으로 적당히 넘어가거나, 남이 한 것을 내가 한 것처럼 만들거나 하는 등의 잔꾀를 부리는 것이다. 이런 자세는 결코 오래가지 못하며 결코 상관의 신뢰를 얻지 못한다. 신뢰는 잔꾀를 부리는데서는 절대 얻어지지 않는다. 신뢰는 한결같고 우직한 성실함에서 쌓여지는 것이다.

필요할 땐 직언을 할 줄 알아야 한다

상관이라고 해서 항상 옳고 만능일 수는 없다. 상관도 사람인 이상 잘못 판단할 수 있고 부하보다 못한 생각을 할 수가 있다. 상관이 잘못되거나 불합리한 지시를 하였다면 군 간부로서의 건전한 판단과 양심에 비추어 상관에게 직언할 수 있어야 한다. 그리고 자신의 생각을 소신 있게 이야기해야 한다. 그러면 상관도 다시 한번 생각하여 자신이 잘못되었다면 시정을 할 것이고, 그래도 자신이 옳다고 생각하면 부하에게 다시 한 번 그 이유를 설명해 줄 것이다.

부하가 상관과 다른 의견을 말하는 것은 쉬운 일이 아니다. 그러나 군대의 간부라면 어떠한 부하가 진정으로 조직을 위하고 상관에게 충성하는 부하인가 판단할 수 있어야 한다.

상관이 잘못된 길을 가는데도 예스맨 노릇만 하거나 방관하는 부하가 진정한 부하인가? 올바른 길, 더 좋은 길을 가도록 직언을 할 줄 아는 부하가 진정한 부하인가? 특히 장교는 자유혼을 가진 국가의 간성이다. 진정으로 국가를 위하고 조직을 위하고 상관을 위하는 길이라면 소신껏 직언을 할 수 있어야 한다.

직언을 하더라도 부하다운 자세는 잃지 않아야 한다. 충직하고 예의바른 자세로 상관에게 자신의 의사를 이야기해야 하며, 또 상관이 자신의 생각과 다른 결론을 냈더라도 그것이 부정과 불법을 저지르는 일이 아닌 한 상관이 최종 결심한 사안에 대해서는 기꺼이 따를 줄 알아야 한다.

이처럼 자신의 안위보다 조직과 상관의 안위를 더 걱정하며 상관이 올바른 길을 가도록 충언을 아끼지 않는 부하라면 어떤 상관이 신뢰하지 않겠는가?

4. 상관 존중

상관의 권위와 스타일을 존중하라

요즘은 분명 권위주의적 리더십 시대가 가고 부하도 존중하고 배려할 줄 아는 인간 중심의 리더십이 각광을 받는 시대가 되었다. 부하를 단순한 전투력의 한 요소가 아니라 소중한 생명과 존엄한 인격을 가진 한 사람이며 독립된 인격체임을 분명하게 인식하고 신분과 계급에 관계없이 부하를 존중하고 배려하는 것은 리더의 도리며 의무인 것이다.

그러면 리더만 부하를 그렇게 존중하고 배려해야 할 도리와 의무가 있는가? 아니다. 리더에게 리더로서의 도리가 있듯이 부하도 부하된 도리와 의무가 있는 것이다. 상관을 단순히 계급과 직책으로만 보고, 그가 가진 권한과 영향력만을 의식해서 굽신거리고 예스맨이 되어서도 안되지만, 반대로 상관이 다소 부족하고 자기 마음에 맞지 않는다 하여 뒤에서 욕이나 하고 상관의 권위를 무시하는 그런 자세를 가져서도 안 되는 것이다. 부하로서 대접받고 싶은 만큼 진정으로 상관의 권위와 스타일을 먼저 존중해야 하는 것이다.

우리가 가정에서 부모님이 배운 게 없고 세련되지 못하며 자기와 생각이 다르다고 해서 함부로 대하거나 존중하지 않는 자식은 없다. 비록 그런 부모님이라 하더라도 잘 모시고 존중하는 것이 자식된 도리를 다하는 것이기 때문이다.

상관도 마찬가지다. 상관이 부족하고 자기 마음에 맞지 않는다 해도 그의 권위와 스타일을 존중할 줄 아는 것이 부하된 도리임을 알아야 한다.

독한 상관이 나를 키운다

조직생활을 하다 보면 소위 독한 상관을 만날 수 있다. 부하를 대하는 태도도 엄하고 업무도 매우 깐깐하고 혹독하게 시키는 그런 상관 말이다. 이런 경우 여러분은 어떻게 하겠는가? 아이쿠 이제 죽었구나. 나는 왜 이리도 운이 없을까? 하고 한탄만 하거나, 임기만 끝나면 빨리 도망가야지 하고 그저 그 상황을 한시라도 빨리 벗어날 생각만 할 것인가?

나도 정말 힘들었고 그래서 군인답지 않게 '사직서라도 낼까'하는 생각을 한 경험이 있다. 그러나 나는 생각을 고쳐먹었다. '그래 나는 군인이다. 군인은 전쟁을 해야 하는 사람이다. 가장 혹독하고 극한적인 전쟁상황에서도 적과 싸워 이겨야 되는데 상관이 좀 힘들게 한다고 이것을 못 이기면 되겠는가? 이런 상관을 만난 것은 오히려 나를 강하게 단련시킬 좋은 기회다'라고 긍정적이고 적극적인 자세로 나를 확 바꾸었다. 그랬더니 위축되었던 내가 자신감이 생기고 상관도 어렵게 생각되지 않아 의사소통이 잘 되었다. 자신감이 생기고 의사소통이 잘 되니 상관의 의도에 부합되게 업무를 잘 하게 되고 결국 상관의 신뢰도 얻게 되었다. 그렇게 독한 상관 밑에서 근무한 덕분에 업무능력도 많이 늘었고, 배짱도 두둑해져서 이후에는 어떤 상관을 만나도 걱정이 없게 되었다.

그러나 초급간부 시절에는 어려운 상관을 만났을 경우 이렇게 생각하기가 쉽지 않을 수 있다. 그런 경우에는 혼자 고민하지 말고 조언을 해줄 만한 선배 간부나 동료와 상의를 해보면 좋은 답을 얻을 수 있다. 또 용기를 내어서 상관에게 직접 상담을 하는 것도 좋은 방법이다. 솔직하게 "열심히 하려고 하는데 경험이 없어서, 또는 능력이 부족한 탓에 상관의 요망 수준에 잘 맞추지 못하고 있습니다. 많이 가르쳐 주십시오"라고 말해 보라. 상관은 의외로 그런 부하의 용기와 의욕을 높이사서 차분하게 가르쳐 주거나 "알았다. 열심히 해라"하며 오히려 격려해 줄 것이다.

사회나 군에서 성공한 사람치고 이런 경우 몇 번 없는 사람 없다. 오히려 성공한 사람일수록 그런 독한 상관을 많이 만난 경험을 가지고 있다.

'독한 상관이 나를 키운다' 이런 생각이 바로 성공하는 사람들의 남다른 2%다.

제 7원리

좋은 인간관계도 중요하다

좋은 인간관계는 사회적 능력의 기반이다.
약속을 잘 지키고, 겸손하며, 남을 존중하고,
예의바르고, 떠나간 후
더 생각나는 사람으로 남을 수 있어야 한다.

인간관계는
사회적 능력의
기반이다

사람은 본질적으로 여럿이 모여 살아갈 수밖에 없는 존재이며, 사회생활의 기반이 되는 직업은 직장이라는 조직생활을 통해서 이루어진다. 프리랜서처럼 조직에 얽매이지 않고 일을 하더라도 일 자체는 다른 사람과의 관계 속에서 이루어질 수밖에 없다. 따라서 사회활동에서는 인간관계를 얼마나 잘 유지하냐가 매우 중요하다.

"빨리 가려면 혼자가고 멀리가려면 함께 가라"는 말이 있듯이 세상을 살아가면서 인간관계가 좋지 않고서는 성공도 행복도 얻을 수 없다는 것을 잘 알아야 한다.

모 경제연구소에서 최고경영자 527명에게 CEO가 되는 과정에 가장 결정적인 지능이 무엇이었냐는 설문조사 결과 '대인지능'

이라는 답변이 1위로 나타났다고 한다. 사회생활에서 인간관계가 얼마나 중요한지를 단적으로 보여주는 결과다.

더구나 군대는 사회의 어떤 조직보다도 공동체적 성격이 강한 집단이다. 일과 시간 중에 이루어지는 공적 활동은 물론이고, 일과 이후의 사적 생활도 부대 아파트, 독신자 숙소 등에서 함께 하는 경우가 대부분이다. 그래서 전방 오지에서 근무하는 경우에는 옆집의 숟가락, 젓가락이 몇 개인지도 서로 안다고 할 정도다.

이처럼 군대에서는 공 · 사간의 많은 생활이 공동체적으로 이루어지므로 인간관계가 더욱 중요해질 수밖에 없다.

그러면 인간관계에서는 무엇이 중요하고 어떻게 해야 좋은 인간관계를 만들 수 있겠는가?

나는 사회생활에서 좋은 인간관계를 만들기 위해 중요한 요소는 첫째 신뢰, 둘째 존중과 배려, 셋째 예의, 넷째 겸손, 다섯째 인간미라고 생각한다.

좋은 인간관계를 만드는
5가지 Key

**1. 좋은 인간관계의
기본은 신뢰다**

　　신뢰는 좋은 인간관계를 만드는 가장 기본적인 요소다. 사람 사이에는 무엇보다도 믿을 수 있는 관계가 되어야 하기 때문이다. 모든 인간관계는 신뢰에서 시작하여 신뢰로 끝난다고 해도 과언이 아니다.

　신뢰는 약속을 지키는데서 시작한다. 믿을 신(信)은 사람 인(人) + 말씀 언(言)으로 만들어졌다. 사람은 자기가 한 말에 대해 책임을 지고 이를 반드시 행동으로 실천해야 한다는 뜻이다.

　사적관계건 공적관계건 약속을 지킬 줄 알아야 신뢰가 생기는 것이다.

● 정주영 회장의 고령교 공사 사례

정주영 회장은 현대건설 초창기에 '고령교 공사'를 수주하였는데 원자재 가격을 제대로 예측하지 못해서 공사비가 수주비용을 넘어서는 상황이 되었다. 이윤만을 추구하려고 했다면 마땅히 이 공사는 중단해야 했지만, 정주영 회장은 '신뢰야 말로 가장 중요한 것'이라고 생각하고 막대한 손해를 감수하며 끝까지 마쳤다. 이 공사를 통해 정주영 회장은 많은 금전적 손해를 입었지만 신뢰라는 소중한 자산을 획득할 수 있었다. 이 공사 이후 현대건설은 정주영 회장의 신용을 바탕으로 정부에서 발주하는 많은 공사를 수주하여 큰 이익을 낼 수 있게 되었고 이것이 오늘의 현대그룹으로 발전할 수 있는 토대가 되었다.

약속을 지키기 위해서는 때론 손해도 감수할 수 있어야 한다. 사회생활에서 신뢰를 잃는 것은 모든 것을 잃는 것이나 마찬가지다. 그러나 이렇게 해서 생긴 신뢰는 그 어떤 것과도 바꿀 수 없는 사회생활 최고의 자산이 됨을 알아야 한다.

2. 존중과 배려가 함께 사는 길이다

한자의 사람 '인(人)'자를 보면 두 개의 획이 서로 의지하고 있는 모습이다.

혼자서는 똑바로 서 있을 수 없고 서로 의지해야 설 수 있다는 것을 잘 보여주고 있다. 사람은 혼자서 살 수 없고 함께 살아야 하는데 다른 사람과 함께 살아가려면 남을 존중하고 배려하는 마음이 바탕에 있지 않으면 안 된다.

사람이 가지는 이기성(利己性)은 본능적이다. 그러나 실제 사회생활에서는 더불어 사는 지혜에서 이미 언급한 바와 같이 자기 자신만을 생각하고 남을 생각할 줄 모른다면 사회가 유지될 수 없고 결국은 자신도 살 수 없게 된다.

자신도 살고 사회도 잘 유지되어 자기 자신이 더 잘 살게 피드백 되는 순 순환의 지혜와 이치가 바로 남에 대한 '존중과 배려'다.

또 조직생활에서는 상사, 동료, 부하 그리고 주변의 모두로부터 지지와 성원을 받는 사람이 되어야 진정한 성공을 이룰 수 있다. 그런데 사회생활을 하다 보면 불가피하게 이해관계가 상충되는 문제들이 생긴다. 이럴 때 정말 인간적 갈등이 생길 수 있다.

이런 문제로 여러분이 나에게 상담을 한다면 나의 대답은 이렇다. '정말 큰 인물, 큰 그릇이 되고 싶은가? 그렇다면 기꺼이 양보하고 손해 좀 보라.' 그런 경우에 절대 손해 보지 않는 사람치고 크게 된 사람을 나는 보지 못 했다.

양보하고 손해보면 당장은 밑지는 것 같지만 그렇지 않다. 남에게 먼저 베푼 것은 언젠가는 반드시 보답으로 돌아오는 것이 세상의 이치다. 옛 어른들은 당대에 돌아오지 않으면 자식 대에라도 보답이 돌아온다고 얘기했다. 난 이 말을 믿는다.

3. 예의가 없는 것은 용납되지 않는다

취업 포털 업체인 스카우트에서 직장인을 대상으로 조사한 한 설문결과에 따르면 어떤 후배가 신입사원으로 오길 희망하느냐는 질문에 예의바른 후배(24.1%), 상황 판단이 빠른 후배(21.1%), 업무지시에 잘 따르는 후배(17.7%), 성실한 후배(15.2%), 유머감각이 있는 후배(5.9%) 순이었다고 한다. 한마디로 버릇없고 똑똑한 후배보다 예의바른 후배를 선호한다는 것이다.

이러한 조사 결과는 오히려 당연한 결과라고 생각한다. 예의란 다름이 아니라 인간관계에서 마땅히 지켜야 할 도리이고 행동규범이기 때문이다.

특히 우리나라는 예로부터 예의범절을 매우 소중하게 생각하는 문화적 특성을 가지고 있다. 사람은 가정교육이 잘 되어야 한다고 하는데 가정교육의 핵심은 다름 아닌 바로 예절교육이다. 서양의 신사도도 핵심은 약자에 대한 배려와 다른 사람을 대하는 태도, 즉 매너이다.

사회에서는 인사 하나만 잘 해도 어필할 수 있다. 만나는 사람

누구에게나 정감어린 말로 반가운 인사를 나누어 보라. 출근할 때 만나는 수위 아저씨에게도, 화장실 청소를 하는 아주머니에게도 "안녕하세요, 수고하십니다"라고 먼저 인사해보라. 사무실에 처음 온 외부 사람에게 "어서 오십시오. 무엇을 도와드릴까요?"하고 먼저 인사해 보라. 몇 달 가지 않아 조직 안에서 인사성 밝은 사람으로 칭찬이 자자해질 것이다.

사회에서는 능력이 부족한 것은 용납될 수 있어도 예의가 없는 것은 용납되지 않는다.

군대라고 해서 다를 바가 없다. 군대도 사람이 모여서 생활하고 일하는 조직이다. 군대다운 특성인 절도와 패기가 적절히 가미된 예의 바른 언행이 좋은 인간관계를 만들게 될 것이다.

4. 겸손이 사람을 돋보이게 한다

성경을 보면 "누구든지 자신을 높이는 사람은 낮아지고 낮추는 사람은 높아진다"고 했다. 유태인의 지혜서 『탈무드』에도 "최고의 지혜는 친절과 겸손"이라고 말하고 있다. 우리의 전통 윤리와 사상에서도 겸양지심(謙讓之心), 즉 겸손한 마음을 사람이 갖추어야 할 4대 기본자세의 하나로 가르치고 있다. 이처럼 겸손은 동서양 모두가 강조하는 덕목이다.

겸손함이란 사람은 누구나 완벽할 수 없으며 부족한 존재이므로 언제나 배우는 자세를 견지하고, 지위와 능력이 결코 사람의 인격까지 결정하는 것이 아님을 늘 잊지 않으며, 익을수록 고개를 숙이는 벼의 지혜를 행동으로 실천하는 것이라고 생각한다. 그래서 사람은 많이 배우고 적게 배우고, 지위가 높고 낮음에 상관없이 겸손해야 하는 것이다.

● 맹사성이 얻은 교훈

열아홉 어린 나이에 장원급제하여 경기도 파주 고을 원님이 된 맹사성은 자부심이 강해서 스스로 자기 자신을 최고라고 생각하고 있었다. 그러던 어느 날 맹사성이 무명선사를 찾아가 묻기를 "이 고을을 다스릴 때 최고의 덕목이 무엇이라고 생각하십니까?"라고 하니 "나쁜 일을 하지 않고 착한 일을 많이 하면 됩니다"라고 무명선사가 대답했다. 대단한 가르침을 기대했던 맹사성이 실망한 기색으로 자리에서 일어나자 무명선사가 '차나 한 잔 하고 가라'고 붙잡았다. 맹사성이 못 이기는 척 자리에 앉자 무명선사가 차를 따라주는데 찻잔에 물이 넘치도록 따르는 것이었다. 이것을 본 맹사성이 "스님. 찻물이 넘쳐 방바닥이 흥건합니다. 그만 따르시지요"하고 만류하자 스님께서 "찻잔이 넘쳐 방바닥을 적시는 것은 알면서 왜 어리석게도 지식이 지나침으로 인해서 인품이 망가지는 것은 모르십니까"라고 말했다. 그 이후 맹사성은 크게 깨닫고 항상 자신을 낮추고 겸손한 자세로 일관한 결과 명재상의 반열에 오를 수 있었다.

사회생활을 하다 보면 능력은 뛰어나고 지위도 상당한 사람인데 주변으로부터 환영 받지 못하거나 거리감을 느끼게 하는 사람이 있는데 그 이유의 대부분은 겸손하지 못한 데 있다. 겸손은 역설적이게도 능력을 더욱 돋보이게 하고 진심어린 존경을 만들어내며, 자신을 더 크게 만드는 힘이 있음을 알아야 한다.

그런데 우리가 겸손을 말할 때 하나 유념할 것이 있다. 겸손함과 자신감은 서로 상치되는 것이 아니며, 또한 겸손함과 비굴함을 혼동해서도 안 된다는 사실이다. 사람이 세상을 살아가는데 나도 할 수 있다, 하면 된다는 자신감은 반드시 필요하다. 해보지도 않고 빼는 것은 겸손이 아니라 포기고 두려움이다.

또 비굴함은 자신의 이익을 위해 정도(正道)와 당당함을 버리고 권세와 지위에 아부하고 굴종하는 것이다. 군인은 겸손하되 절대 비굴해서는 안 된다.

5. 인간관계의 참맛은 인간미에 있다

좋은 인상이 중요하다

사회생활을 하는 데 있어서 남에게 좋은 인상을 심어주는 것은 중요하다. 예전에 동아일보 사장이 직접 광고에 나와 "아침에 만나면 왠지 기분이 좋아지는 사람이 있습니다. 동아일보는 그런 신문이 되겠습니다"라고 멘트를 하여 매우 반응이 좋았던 사례가 있었다.

사회생활을 하다 보면 정말로 그런 사람들이 있다. 그런 사람들은 어디에서나 환영받고 조직에 활력을 주며 성공적으로 사회생활을 하게 된다.

사회생활에 있어서 좋은 인상을 만드는 것은 결코 소홀히 할 일이 아니다. 한 연구 결과에 의하면 사람의 인상은 첫인상에서 96%가 결정되며, 한 채용 정보 업체의 조사에 따르면 대부분의 기업에서 사원 채용 시 10명의 지원자 중에서 8명이 첫인상에서 당락이 결정된다고 한다. 밝은 표정, 반가운 인사, 정감어린 말로 좋은 인상을 만들도록 노력해야 한다.

인간미가 인상보다 더 중요하다

정말 좋은 인간관계를 만들기 위해서는 좋은 인상을 만드는데 그쳐서는 안 된다. 잠깐 만나고 헤어지는 경우에는 첫인상이 그 사람의 이미지로 남겠지만 정말 중요한 인간관계는 일시적인 만남이 아니라 꾸준히 유지되는 관계이며 꾸준히 유지되는 인간관계에서도 알면 알수록 마음이 끌리는 사람, 떠나고 난 뒤에 더 생각이 나는 사람이 되어야 정말로 좋은 인간관계를 맺었다고 할 수 있다. 이것을 가능하게 하는 것이 인간미라고 나는 생각한다.

사람 중에는 예의도 바르고 남에게 폐를 끼치지 않으며 자기 할 바를 확실히 하는 사람인데 왠지 편하지 않고 선뜻 가까워지지 못하는 사람이 있다. 그 이유의 대부분은 인간미에 있다. 사람의 진심은 다소 투박하고 세련되지 못해도 늘 진솔하고 한결같으며 마음으로부터 함께 기뻐하고 함께 울며, 콩 한쪽도 나누어 먹는 인간적인 정에 끌리는 것이다. 희노애락을 함께 나누고 때로는 이웃의 부족함도 끌어안고 덮어주며 계산없이 나눌 줄 아는 넉넉한 마음이 있어야 한다.

일본의 어느 깊은 산속에 조그마한 여관이 있었는데 세계적인 규모를 자랑하는 유명 호텔로 발전했다고 한다. 이 여관이 다른 여관과 달랐던 특징은 손님이 떠날 때 반가운 손님이 왔다가 떠날 때처럼 사장과 종업원이 모두 밖으로 나와 손님이 시야에서 사라질 때까지 손을 흔들며 배웅을 하는 것이었다. 사람들은 이러한 인간미 있는 배웅 모습을 잊지 못하고 다시 찾게 되었던 것이다.

사람에게서는 사람냄새가 나야 한다. 그것이 바로 인간미이다. 떠나간 후 더 생각나는 사람으로 남을 수 있어야 한다.

Part 3

초급간부
7대
실천 전략

O F F I D E N T

초급간부 시절에 잘 해야 한다
제 1전략 : 지금 당장 행동하라
제 2전략 : 인생 목표와 10년 계획을 세워라
제 3전략 : 독하게 공부하라
제 4전략 : 좋은 습관을 만들어라
제 5전략 : 자신감을 가져라
제 6전략 : 절대 포기하지 마라
제 7전략 : 성공의 장애물을 조심하라
결론은 오피던트다

OFFI DENT

초급간부 시절에
잘 해야 한다

앞에서 말한 성공 원리는 군 생활 전 기간에 걸쳐 적용되는 것이다. 그런데 괴테도 "첫 단추를 잘못 끼우면 마지막 단추는 갈 곳이 없다"라고 하였듯이 세상일은 시작을 어떻게 하느냐에 따라 성패가 많이 좌우된다. 이 책의 서두에서 이미 언급한 바와 같이 초급간부때 기초를 탄탄히 쌓아놓으면 그 다음에는 자기가 원하는 어떤 건물이든지 마음껏 지을 수 있지만 기초가 부실하면 모래성처럼 쉽게 무너져 버려 자신의 꿈을 마음껏 펼칠 수 없게 된다.

그러면 성공적인 군 생활을 하기 위해 초급간부 시절에는 무엇을 어떻게 해야 하겠는가? 이에 대한 답으로 나는 다음과 같은 일곱 가지의 실천전략을 제시하고자 한다.

지금 당장 행동하라

부뚜막의 소금도 집어넣어야 짜다

우리 속담에 '부뚜막의 소금도 집어 넣어야 짜다'라는 말이 있다. 비록 한 가마니의 소금이 부뚜막에 놓여 있다 하더라도 그 소금은 결코 음식의 맛을 낼 수 없다. 음식의 맛을 내는 것은 단 한 알의 소금이라도 음식 속에 들어간 소금인 것이다.

마찬가지로 아무리 좋은 원리를 많이 알고 있다 하더라도 행동으로 실천하지 않으면 아무 소용이 없다. 알고 있는 그 자체가 힘을 발휘하는 것이 아니라, 행동으로 실천하는 것만이 힘을 발휘하는 것이다. 성공의 원리도 실천되지 않으면 아무 소용이 없다. 단 한 가지의 원리라도 행동으로 실천하는 것만이 진짜 자기의 것이 될 수 있음을 명심해야 한다.

생각이 먼저인가, 행동이 먼저인가

생각이 먼저인가? 행동이 먼저인가? 사람은 이성을 가진 동물이다. 당연히 생각한 것을 행동으로 옮기는 것이 순리다.

그럼에도 불구하고 나는 초급간부 여러분에게 먼저 행동할 것을 권한다. 여기에는 두 가지 이유가 있다.

첫째는 젊은 시절에는 시간이 너무나 귀하기 때문이다. 젊은 시절의 한 시간은 장년에 보내는 시간보다 열 배는 값지고, 노년에 보내는 시간보다는 백 배 이상 값지다. 그래서 젊은 시절에는 막연한 생각으로 시간을 낭비해서는 안 된다.

행동하면서 생각해도 문제없다. 오히려 행동은 그 자체가 적극적이고 긍정적이라는 속성을 가지고 있어 행동할 때 더 절실하고 좋은 생각이 떠오를 수 있다. 나의 젊은 시절을 돌아봐도 그랬다. '무엇을 해야 하나'하고 책상 앞에 앉아 생각만 하기보다 아침 일찍 일어나 상쾌한 공기를 마시며 달리고, 책을 읽다 보면 내가 해야 할 일이 명쾌하게 정리가 되고 '나도 할 수 있다. 그래 한 번 해보자'하는 각오와 자신감이 더욱 확실해졌었다.

둘째는 교육의 원리를 이용하기 위해서다. 어린이들이 피아노를 배우는 원리를 보면, 어린이는 피아노나 음악의 원리에 대해 잘 모르면서 선생님이 가르치는 것을 일단 따라한다. 때로는 피아노 배우는 것이 지루하고 싫증이 나기도 하지만 선생님 말씀을 믿고 꾸준히 배우다 보면 자신도 모르는 가운데 음악과 피아노의 원리를 터득하고 높은 경지에 다다르게 되는 것이다. 만일 어린이가 음악과 피아노의 원리를 다 이해하고 난 뒤에 피아노를 배우기 시작한다면 피아노를 잘 배울 수 있는 때를 놓치게 될 것이다.

이와 같이 우리는 이해한 뒤에 행동하는 것이 통상이지만 때로는 먼저 행동함으로써 그 이치나 원리를 깨우치는 것이 효과적인 경우가 있다. 이처럼 행동을 먼저 함으로써 오히려 건전한 생각을 촉진시키고 시간의 낭비도 줄일 수 있다.

일단 행동해라. 그러면서 생각해라. 그것이 20대의 삶의 방식이다.

이불을 박차고 일어나라

초급간부들이여! 아침 6시다. 이불을 박차고 일어나라. 그리고 지금 즉시 운동복을 입고 밖으로 나와 상쾌한 아침공기를 마시며 달려라. 한 번에 일어나지 못할까 봐 10분마다 알람을 울리게 했다면 이것부터 한 번만 울리도록 당장 바꿔라. 아침 기상 하나 한 번에 하지 못하면서 무슨 꿈을 이룰 수 있겠는가?

그리고 지금 여러분들의 책상 앞에 배우나 가수들의 사진이 아직도 붙어 있다면 이것도 싹 뜯어내라. 그런 것은 10대 때로 충분하다. 이제 지저분한 책상을 깨끗하게 정리하고, 컴퓨터에 깔려 있는 시간 낭비성 게임이나 오락 프로그램도 지워라.

그리고 깨끗해진 책상 앞 벽에 큼직하게 자기가 이루고 싶은 꿈을 써 붙여라. 그 옆에는 자기가 따라하고 싶은 롤 모델의 사진을 붙여라. 그리고 오늘 퇴근길에 서점부터 들러서 나에게 지금 꼭 필요한 책을 사라. 그리고 밑줄을 쳐가며 정독을 해봐라.

이렇게 일찍 일어나 새벽을 가르며 달리고, 방에 들어가면 벽에 써 붙인 내 꿈과 롤 모델을 한 번씩 쳐다보고, 그리고 책상에 앉아 밑줄을 쳐가며 책을 읽는 생활을 일단 백 일만 해봐라.

단언하건대 여러분은 몰라보게 달라진 자신을 보게 될 것이다. 꿈과 목표가 보다 분명해지고, 할 일 없이 뒹굴뒹굴하던 시간이 없어질 것이다. 그리고 '나도 할 수 있다'는 자신감으로 두 주먹이 불끈 쥐어질 것이다.

지금 당장 행동하라. 더 이상 우물쭈물할 시간이 없다. 뛰면서 생각해라. 일찍 출발하지 않으면 멀리 가는 차를 놓칠지 모른다.

인생 목표와
10년 계획을
세워라

인생 목표를 정하라

일단 행동을 시작했다면 이제는 꿈을 가시화해야 한다. 내가 정말 하고 싶고, 이루고 싶은 것은 무엇인지, 또 그것을 이루기 위해서는 무엇을 어떻게 해야 할 것인지를 진지하게 고민해서 구체화해야 한다.

우리는 잠깐의 여행을 할 때도 어디로 갈 것인지 어떻게 갈 것인지 행선지와 이동 방법에 대해 계획을 세운다. 군대에서 작전을 할 때도 목표와 기동계획을 잘 세워야 쓸데없는 시간과 노력의 낭비를 줄이고 성공적으로 임무를 달성할 수 있지 않은가?

어떤 연구 결과에 따르면 사람이 50시간 정도 집중해서 생각하면 생각이 명료해진다고 한다. 물론 자신의 미래가 걸린 문제를

50시간만 고민하면 답이 나온다는 말은 아니다. 이를 위해서는 책도 많이 보고 어른이나 선배의 말씀도 들어보고 하는 기초적인 노력이 있어야 한다. 이러한 단편적이고 다양한 생각들을 가지고 50시간 정도 몰입해서 고민을 해보면 막연하던 생각이 명료하게 정리될 수 있다는 것이다.

그래서 나는 여러분이 휴가기간을 이용해 2박 3일 정도 모든 것을 다 잊고 오직 자신의 미래에 대해 고민을 하고, 정리된 생각을 백지에 하나하나 적어 보기 바란다. 인생의 목표와 방향이 잡힐 것이다.

10년 계획을 세워라

그다음에는 이를 구현하기 위해 지금부터 10년 동안 무엇을 어떻게 해야 할지 좀 더 구체적으로 계획하라. 내가 해야 할 공부가 무엇이고, 어떤 책을 얼마나 읽어야 하며, 어떤 습관을 만들어야 할지, 심신단련은 어떻게 해야 하고, 나의 롤 모델은 누구로 할 것인지 등등 내가 해야 할 과제를 망라하고 로드맵을 짜는 것이다. '내가 해야 할 일이 이렇게 많은가'하고 놀랄지도 모른다. 그러나 그게 정상이다. 내 인생이 걸린 일이다. 한 번뿐인 인생을 성공적으로 살 것인가 아닌가가 걸린 문제다. 더욱이 남다른 능력과 고매한 인격을 갖춘 훌륭한 리더가 되기 위해서는 젊은 시절에 그 정도 노력은 기울여야 한다.

시간을 낭비하지 마라

이처럼 해야 할 일이 많으니 젊은 시절의 시간은 금이 아닐 수 없다. 한 시도 한가하게 낭비할 시간이 없는 것이다. 물론 젊은이답게 놀기도 하고 적절히 쉬기도 해야 한다. 그러나 이것도 계획에 의해 놀아야 하고 쉬어야 한다. 할 일이 없으니까 영화나 보러 가고 심심하니까 친구하고 맥주나 한잔 마시러 가면 안 된다. '평일에 열심히 공부하느라 피로가 쌓였으니까 이번 주말에는 영화를 한 편 보러 가야겠다', '그동안 바빠서 친구를 본 지 오래되었으니 이번 주말에는 친구를 만나 우정을 쌓아야겠구나'라고 계획을 짜서 영화도 보고 친구도 만나야 한다.

단 한 시간도 계획없이, 목적없이 쓰지 않는 것, 그것이 성공으로 가는 젊은 시절의 시간 사용 방법이라고 나는 믿는다.

독하게 공부하라

공부만 한 투자는 없다

능력을 키우기 위해서는 공부를 해야 한다. 나는 이시형 박사가 쓴 『공부하는 독종이 살아남는다』라는 책을 읽은 적이 있다. 저자는 서문에서 '취업난이 극심하다고 하지만 기업에서는 오히려 마땅한 인재가 없다고 하지 않는가? 당신이 회사가 필요로 하는 인재라면 누가 뽑지 않겠는가? 어떤 시대가 와도 살아남기 위해서는 전천후 요격기가 되어야 한다. 그러기 위해서는 공부해야 한다. 공부만 한 투자는 없다'라고 말하고 있다.

간부 여러분은 이미 공부가 전업이던 학생 시대는 지나갔다. 하루 10시간은 부대근무에 쓰면서 남는 시간에 공부해야 한다. 그리고 목표는 더 큰 꿈, 더 큰 성공이다. 그러니 적당히 공부해서는 어림도 없다. 정말 독하게 공부해야 한다.

여러분은 세계적인 발레리나 강수진과 피겨여왕 김연아 선수의 일그러진 발 사진을 본 적이 있는가? 그들은 그처럼 발이 일그러지도록 훈련을 했기에 스타가 될 수 있었다.

진짜 공부는 지금부터다

사회생활을 하면서 하는 공부가 진짜 공부다. 이시형 박사는 나이 들어 하는 공부가 절실한 만큼 몰입이 쉽고, 공부한 것을 바로 응용해 볼 수 있으며, 공부하는 요령도 터득되어 있기 때문에 더 잘된다고 한다.

사회생활을 하다 보면 학창시절에는 별로 돋보이지 않았던 사람이 몰라보게 성장한 모습으로 나타나는 경우를 볼 수 있다. 그런 사람들의 이면에는 대부분 사회생활을 시작하면서 생긴 냉철한 현실감각을 가지고 고3때 했던 대입시험 준비 이상으로 조직에서 필요로 하는 능력을 갖추기 위해 열심히 공부한 남다른 노력이 있었음을 알아야 한다.

투명하고 정의로운 사회에서 당당하게 성공할 수 있는 길은 공부가 가장 확실한 길이다.

공부해야 한다. 그것도 독하게 말이다.

좋은 습관을 만들어라

습관의 위력

차동엽 신부가 쓴 『무지개 원리』를 보면 작자 미상의 이런 글이 있다.

"나는 모든 위대한 사람들의 하인이고, 또한 모든 실패한 사람들의 하인입니다. 위대한 사람들은 사실 내가 위대하게 만들어 준 것이지요. 실패한 사람들도 사실 내가 실패하게 만들어 버렸고요. 나를 택해주세요. 나를 길들여주세요. 엄격하게 대해주세요. 그러면 세계를 제패하게 해드리겠습니다. 나를 너무 쉽게 대하면 당신을 파괴할지도 모릅니다."

여기서 말하는 '나'는 누구일까? 바로 습관이다. 습관은 이토록 대단한 위력이 있다. 나는 이 말에 100% 동의한다. 좋은 습관을 가지지 않고 절대 성공할 수 없다.

큰 능력, 고매한 인격은 습관을 통해서 만들어진다

성공하는 사람이 되기 위해서는 능력과 인격이 잘 갖추어져야 한다. 능력도 꾸준히 공부하는 것이 습관화되어야 큰 능력으로 성장한다. 능력은 학위 공부, 자격증 따기, 토익 점수 올리기, OAC 및 육대 공부 등 특정 기간 동안 집중적인 노력을 통해 키워지는 경우가 많고, 때로는 적기에 집중 투자하는 것이 오히려 효과적이기도 하지만 더욱 중요한 것은 평생 꾸준히 공부하는 것이다.

또한 인격은 앎이 아니라 행함이기 때문에 몸에 자연스럽게 배지 않고서는 자기 것이 될 수 없다. 습관화되지 않은 것은 인격화될 수 없는 것이다. 그래서 예로부터 행동이 바뀌면 습관이 바뀌고 습관이 바뀌면 인격이 바뀌고 인격이 바뀌면 운명이 바뀐다고 했던 것이다.

정말 중요한 습관은 지금부터 만들어야 한다

그런데 여기서 명심해야 할 것이 있다. 특히 훌륭한 인격을 갖추기 위해 좋은 습관을 들이는 노력이 어릴 때 또는 학생시절이면

끝난다고 생각해서는 안 된다. 기초적인 습관은 어릴 때 만들어지지만 사회생활에 정말 중요한 습관은 철이 든 뒤에, 그리고 사회생활을 하는 과정에서 만들어진다고 나는 생각한다. 인격도야는 평생을 해야 하지만 사회에서 필요로 하는 훌륭한 인격을 갖추기 위해서는 사회생활 초기 젊은 시절에 잘 해야 한다.

그리고 인격은 단기간에 형성되는 것이 아니라 10년, 20년을 두고 꾸준히 노력할 때 제대로 만들어진다는 것을 꼭 명심해야 한다.

이처럼 인격은 좋은 습관을 통해 만들어지고 좋은 습관은 꾸준한 노력을 통해 만들어지므로 20~30대는 인격에도 투자해야 하는 시기인 것이다. 나를 돌아볼 때 젊은 시절에 꾸준하게 기울였던 습관적인 노력들이 오늘의 내가 있도록 한 좋은 밑거름이 되었다. 젊은 시절에 좋은 습관을 만들기 위해 기울였던 나의 몇 가지 노력들을 참고로 소개한다.

● 젊은 시절에 만든 나의 습관

1. 웃는 얼굴로 정겹게 인사하기
2. 품격 있게 말하기
3. 일기 쓰기
4. 책 많이 읽고 정리하기
5. 인격모델 따라하기
6. 아침형 생활하기
7. 영어 공부하기
8. 계기마다 목표와 계획 세워 실천하기
9. 여행과 음악 취미 생활하기
10. 신앙생활과 효도 착실히 하기

사람의 만남은 인사로부터 시작된다. 나도 어릴 때부터 어른들께 인사를 잘 해야 한다는 교육을 많이 받았지만, 임관 후 부임한 첫 근무지에서 인사는 하는 것도 중요하지만 어떻게 하느냐가 더 중요하다는 것을 깨닫게 되었다. 아침에 출근을 하면서 만나는 사람들과 인사를 나누는데 며칠 지나면서 보니까 인사를 하는데도 몇 가지 유형이 있는 것이었다. 내가 인사를 하면 어떤 사람은 같이 밝게 웃으면서 인사를 하고, 어떤 사람은 무표정한 얼굴로 사무적으로 인사를 하고, 어떤 상관은 고개만 끄덕하면서 아주 성의 없이 인사를 받는 것이었다.

그래서 나는 "아, 인사 하나만 가지고도 사람을 기분 좋게 할 수도 있고, 또 반대로 기분 나쁘게 만들 수도 있구나. 그렇다면 앞으로 내 인사를 받는 사람은 기분이 좋아지도록 언제나 웃으면서 반갑게 인사하도록 하자"라고 결심하고 그대로 실천하였다.

그리고 경례는 하급자가 상급자에게 먼저 해야 하지만 인사는 글자 그대로 사람이라면 누구나 해야 하는 일이니 계급이나 나이에 상관없이 먼저 본 사람이 하는 것이라 생각하고 이를 실천했다.

군대 이야기를 다룬 드라마, 영화, 코미디를 보거나, 군대 다녀온 사람들의 이야기를 들으면, 군대는 위국헌신하며, 반듯한 외모와 패기, 죽음을 불사하는 용기와 책임감, 남자다운 의리와 전우애가 있는 조직이라는 좋은 이미지가 있는 반면, 계급만 있고 인격은 없는 조직, 지시만 있고 논리는 없는 조직, 군기만 있고 품격은 없는 조직이라는 부정적 이미지가 있다.

그런 부정적 이미지는 사실 우리 군대가 스스로 만들어 내는 측면이 많았으며 그 중 가장 큰 원인은 군대의 언어문화라고 나는 생각했다. 지금도 병영에서 생기는 문제들의 많은 원인이 언어폭력에 기인하고 있는 것이 현실이다.

군대는 기본 임무가 전투를 하고 평시 이를 위해 준비하는 것이며 남자 위주로 된 조직이다 보니 부지불식간에 거친 표현이 나오기 쉬운 환경임에는 틀림없다.

그러나 그런 점을 감안하더라도 잘못된 언어문화의 많은 원인은 군대는 으레 그래야 한다는 잘못된 인식과 품격 있는 말을 쓰려는 관심과 노력이 부족한 것이라고 나는 생각했다.

실제로 부하에게 상처를 주는 거칠고 품격 없는 말을 사용하지 않으면서도 부대를 훌륭히 지휘하는 선배들도 볼 수 있었다.

그래서 나는 우리 군의 잘못된 언어문화를 바꾸고, 부하들도 존엄한 인격체인데 함부로 말하는 것은 잘못된 것이라 생각하고 절대 욕하지 말고 품격 있게 말하자고 늘 다짐하고 이를 생활화하였다.

물론 임무수행상 필요할 때는 단호하게 큰 소리로 말해야 한다. 나는 38년간의 장교 생활 동안 부하들에게 단 한번도 욕을 하지 않았는데 욕하지 않고 거친 표현을 쓰지 않았다고 해서 우리 부대가 잘못된 적은 없었다. 내 부하들은 군대라고 해서 으레 욕먹고 품격 없이 말해야 하는 곳이라는 나쁜 이미지도 적게 가졌을 것이라고 확신한다.

일기 쓰기

좋은 자세, 좋은 습관, 좋은 인격을 가지려면 늘 자신을 돌아보고 새롭게 다짐하는 과정이 필요하다. 어릴 때는 부모님과 선생님이 이 역할을 해주셨다. 부모님과 선생님의 반복되는 말씀을 잔소리라 생각하며 싫어도 했지만 그 잔소리가 좋은 습관을 만들고 좋은 인격을 형성하는 밑거름이 되었던 것이다.

그런데 성인이 되면 누구도 그런 잔소리를 안 해준다. 잘못하면 비난과 손가락질, 그리고 나쁜 평판만 있을 뿐이다. 그래서 스스로 잔소리를 들을 수 있는 장치를 만들어야 한다. 그것이 일기(日記)다.

나는 임관 이후에도 생도시절 썼던 일기를 계속해서 써야겠다고 생각했다. 나는 일상의 기록이라는 의미보다는 나를 돌아보는 목적으로 썼기 때문에 때로는 주기(週記)도 되고, 어떨 때는 월기(月記)가 되기도 했다.

나는 내 일기를 형(兄)이라 불렀는데 일기는 정말 나에게 형 같은 역할을 해주었다. 형(일기)은 게으른 나, 겸손하지 못한 나, 무계획한 나, 소극적인 나, 당당하지 못한 나를 질책했고 좀 더 잘하라고 격려하고 길도 알려주었다. 만일 형(일기)이 없었다면 오늘의 나는 있지 않았을지 모른다.

젊은 시절 일기를 썼던 습관은 정말 잘 한 일이었다. 이 습관은 지금도 계속되고 있다. 내 자신을 돌아보는 데는 일기만한 것이 없다.

● **임관 이후 쓴 첫 일기 (1976. 5. 27(목). 쾌청)**

형, 오늘 동료들과 한잔했습니다. 졸업 시 우리 중대(15중대)와 11중대 간에 축구를 해서 통쾌하게 4:1로 이겼습니다. 그래서 자축파티를 했습니다. 이제 교육(OBC)도 반밖에 남지 않았습니다.

형, 나는 군인이 되었습니다. 이젠 죽으나 사나, 좋으나 싫으나 푸른 제복과 함께 할 나입니다. 요즘 임진왜란을 읽고 있습니다. 한낱 필부에 지나지 않는 상민이지만 국가와 민족을 위하여 분연히 떨치고 일어서는 백성들을 볼 때 저절로 눈시울이 뜨거워지지 않을 수 없었습니다. 반면 나라의 존망이 백척간두에 달려 있음에도 사리사욕을 위하여 참소를 하고 거짓보고를 하는 무리들을 볼 때 치가 떨리지 않을 수 없었습니다. 성웅 이순신 장군의 모습이 많이 기록되어 있습니다. 정말, 정말 위대한 우리의 조상이셨습니다.

그분만큼 공과 사를 구별해서 처신할 수 있을까?

그분만큼 조국과 겨레를 사랑할 수 있을까?

그분만큼 군사적 지식을 터득할 수 있을까?

그분만큼 엄과 인을 병행하여 부하를 지휘할 수 있을까?

그분만큼 文에 대해서도 결코 뒤짐이 없는 全人的인격을 갖출 수 있을까?

아무리 생각해도 그 중의 하나도 제대로 갖추지 못할 것 같다.

– 중략 –

나는 公人으로서 보람되고 떳떳한 삶을 영위해야 할 것이다.

● 중위 시절 어느 날 일기 (1979. 3. 11. 일)

결국 한 주를 빼놓고 2주 만에야 형을 만났구려. 지난 한주 생활은 참으로 엉망이었소. 아침에 일어나 세수하고 출근하기가 바빴으니 계획과 어그러져도 보통 어그러진 게 아니었지요. 퇴근해서도 공부 한 번 제대로 안 했구요. 시간을 이토록 무의미하게 보내는 것은 보통 어리석은 일이 아닙니다. 지금 시기의 시간은 그 가치에서 막중하니 더욱 가슴 아픈 일이

조. 그 어떠한 성취와 결과도 시간과 노력의 투자없이 이루어진 것은 없습니다.

– 중략 –

한 가족을 책임지는 사람도 새벽 4시에 일어나 콩나물을 팔러 나갑니다. 장차 국가와 사회를 위하고 이웃의 고통과 아픔을 책임지고자 하면 몇 시부터 일어나야 하겠습니까? 뼈저리게 절감하고 실천해야 합니다. 한낱 인식에 그쳐서는 아니됩니다.

책 많이 읽고 정리하기

'사람은 책을 만들고 책은 사람을 만든다'라는 말이 있다. 책이 사람에게 얼마나 중요한 역할을 하는지를 한마디로 나타낸 말이다. 사람은 몸이 자라고 나이가 드는 만큼 마음도 자라야 한다. 그러기 위해서 마음도 양식을 먹어야 한다.

마음은 가르침과 배움의 양식을 먹으며 자란다. 어릴 때는 주로 부모님과 선생님이 이 양식을 주셨지만 성인이 되면 스스로 마음의 양식을 찾아 먹어야 한다. 어른이 먹어야 할 마음의 양식은 바로 책 속에 있다.

성공한 Leader들은 한결같이 Reader였다. 제대로 책을 읽지 않고서는 성공하기도 힘들고 또 성공하더라도 그 깊이가 얕아 존경받는 성공에는 이르기 어렵다.

나도 생도 때부터 책을 많이 읽어야 한다고 생각하고 나름대로 꾸준히 실천해 왔다. 젊은이라면 읽어 봐야 할 고전들을 중심으로 필독도서 목록을 만들어 놓고 읽었다. 임관해서는 군사관련 서적을 많이 읽게 되었지만 리더다운 소양을 쌓는 데 필요한 일반 교양 서적도 꾸준히 읽었다.

나는 다독(多讀)보다 정독(精讀)하는 스타일이다. 책을 한 줄도 빼지 않고 꼼꼼히 읽으며 좋은 내용이 있으면 꼭 밑줄을 치고, 다읽고 난 후에는 밑줄 친 것을 별도의 노트에 옮겨서 정리를 했다. 또 책 뿐만 아니라 신문이나 팸플릿 등 어디에나 좋은 내용이 있으면 스크랩을 하고, 정리한 내용은 필요할 때마다 다시 꺼내보며 최대한 내 것으로 만들었다. 20대에 읽고 정리한 내용은 지금까지 100번도 더 보았을 것 같다.

나에게 가장 큰 가르침을 준 책은 성경, 논어, 도산 안창호, 그리고 이순신 장군이다.

성경은 사람이 얼마나 소중한 존재이며 왜 이웃을 사랑하며 살아야 하는지, 또 내가 대접받고 싶은 대로 남에게 먼저 대접해야 한다는 이치를 가르쳐 주었다.

논어를 통해서는 사람이 해야 할 도리가 무엇이며, 특히 공자께서 말씀하신 이상적 인격 모델인 군자상을 통해 어떤 인격을 갖춘 사람이 되어야 하는지를 배웠다.

도산 안창호와 이순신 장군은 나의 인격모델이기도 하여 '인격 모델 따라하기'에서 언급하고자 한다.

이 밖에도 많은 책들이 젊은 나에게 금과옥조(金科玉條) 같은 가르침을 주었으며, 나이가 들어서도 책은 여전히 나의 부족함을 채워주고 새로운 세계를 열어주고 있다. 참고로 내가 군인이 될수 있도록 깨우침과 지혜를 주었던 책 40권과 큰 교훈과 감명을 주었던 책 40권을 소개한다.

● 군인의 길을 열어 준 책 40권

	책 명	저 자	교 훈
1	도산 안창호	다 수	나라의 소중함과 군인의 자세를 일깨워준 책
2	백범일지	김 구	
3	안중근	다 수	
4	난중일기	이순신	
5	장교의 도	육군본부	
6	위국헌신의 길	육군본부	
7	군과 나	백선엽	
8	이순신의 리더십	이선호외 다수	군대 리더십의 지혜를 얻은 책
9	세종 리더십	다 수	
10	목민심서	정약용	
11	지휘통솔	육군본부	
12	녹색견장	김학옥	
13	지휘참고자료	육군본부(남재준)	
14	리더십, 마인드와 액션	박유진	
15	리더십 이론과 실제	학지사	
16	명장일화	조성용	
17	타고난 리더는 없다	조셉 프랭클린	
18	웨스트포인트 리더십	래리 도니손	
19	영혼을 지휘하는 리더십	에드거 파이어	
20	심리학으로 경영하라	토니 험프리스	

	책 명	저 자	교 훈
21	프로페셔널의 조건	피터 드러커	군대 리더십의 지혜를 얻은 책
22	명지휘관 명참모가 되려면 EQ로 승부하라	임종섭	
23	세계역사	다 수	군사적 혜안을 키워준 책
24	세계전쟁사	다 수	
25	한국역사	다 수	
26	한국전쟁사	다 수	
27	작전요무령	前 육군 기준교범	
28	Operations	美 육군 기준교범	
29	Tactics	美 육군 기준교범	
30	손자병법	다 수	
31	무경칠서	군사편찬연구소	
32	전쟁론	클라우제비츠	
33	전략론	리델하트	
34	불패의 리더, 이순신	윤영수	
35	삼국지	다 수	
36	롬멜 보병전술	롬멜	
37	나폴레옹 전쟁금언	나폴레옹	
38	전략적직관	윌리엄더건	
39	위대한 장군들은 어떻게 승리 하였는가?	배빈 알렉산더	
40	북한군 교범	다 수	

● 인생의 교훈과 감명을 준 책 40권

	책 명	저 자	교 훈
1	성 경	·	사랑하라. 대접받고 싶은대로 먼저 대접하라
2	논 어	·	도리를 다하자, 君子를 닮은 인격자가 되자
3	중 용	이가원 감수	균형과 조화의 감각이 중요하다
4	맹자가 살아있다면	조성기	진정한 대장부의 道
5	명상록	마르쿠스 아우렐리우스	모든 것은 마음가짐이 중요하다
6	고백록	아우구스티누스	인간의 한계를 깨닫고 감사의 마음을 갖자
7	소크라테스의 대화록	플라톤	영혼, 지혜, 가치 있는 삶의 중요성
8	역사의 연구	토인비	창조적 소수가 역사를 발전시킨다
9	너희와 모든 이를 위하여	김수환	사랑하고, 감사하고, 겸손하자, 기도하자
10	아름답게 사는 지혜	달라이라마	긍정적 자아와 진정한 자비심을 키우자
11	무소유	법 정	욕심과 집착으로부터 자유로워야 한다
12	인생론	안병욱	한 번뿐인 인생을 가치 있게 살아야 한다
13	홀로 있는 시간을 위하여	김형석	인간 최고의 가치는 인격적 가치다
14	인생을 생각하다	지명관	삶의 의미, 윤리와 양심의 중요성
15	한국 청년에게 고함	김동길	양심, 용기, 철학, 멋있는 사람이 되자
16	탈무드	유태인 교훈	지식보다 지혜를 추구하자
17	링 컨	다수	불굴의 의지와 신념, 유머의 중요성
18	원칙 중심의 리더십	스티븐 코비	정도와 원칙이 최선이다
19	적극적 사고방식	노만 필	긍정적 · 적극적 자세의 중요성
20	성 채	아놀드 J. 크로닌	철저한 휴머니즘으로 모순된 사회에 도전

	책 명	저 자	교 훈
21	시련은 있어도 실패는 없다	정주영	열정, 도전정신, 성실의 가치
22	신화는 없다	이명박	직장인으로서의 불굴의 의지, 성실한 노력, 긍정적 자신감
23	성공하는 사람들의 7가지 습관	스티븐 코비	긍정적 자세, 배려, 자강불식의 중요성
24	아들아 세상을 이렇게 살아라	필립 체스터필드	지혜롭게 세상을 살아라
25	무지개 원리	차동엽	긍정적 자세, 희망, 좋은 습관이 중요하다
26	배짱으로 삽시다	이시형	걸려 넘어진 돌을 디딤돌로 바꾸는 것이 최고의 배짱
27	카네기 인간관계론	데일 카네기	존중과 배려, 열린 마음의 중요성
28	블루오션	김위찬	고착된 사고를 버리고 창조적으로 문제해결
29	평상심	장쓰안	평상심을 가지면 얻고 잃는 것에 집착하지 않는다
30	칭찬은 고래도 춤추게 한다	켄 블랜차드	칭찬은 최고의 에너지이저다
31	배 려	한상복	배려의 마음이 사람을 움직인다
32	젊음의 탄생	이어령	창조적·긍정적 자세, 균형과 조화, 자족의 여유
33	새로운 미래가 온다	다니엘 핑크	이성과 감성이 조화된 하이컨셉, 하이터치 중요성
34	스물일곱 이건희처럼	이지성	성공신념, 현장감각, 공부의 중요함
35	공부하는 독종이 살아남는다	이시형	독하고 지혜롭게 공부하자
36	끌리는 사람은 1%가 다르다	이민규	좋은 인상, 좋은 인간관계를 유지하는 지혜
37	물은 답을 알고 있다	에모토 마사루	사랑과 감사의 마음, 좋은 말버릇의 중요함
38	고품격 CEO 유머	유해관	유머의 중요성, 유머도 품격이 있어야 한다
39	멈추지 않는 도전	박지성	큰 꿈을 가지고 인내와 의지로 노력하는 자세
40	김연아의 7분 드라마	김연아	열정, 도전정신, 성실의 가치

인격모델 따라 하기

따라 하기, 즉 모방은 처음 배울 때 적용하는 가장 기본적이고 보편적인 교육 방법이다. 스스로 판단하고, 선택하고, 창조할 수 있는 능력이 생기기 전에는 따라 할 수밖에 없기도 하지만, 또 그것이 매우 좋은 방법이기도 하다.

예를 들어 어디를 가는데 자기가 길을 만들면서 간다면 목적지로 제대로 가는지도 보장할 수 없고, 또 길을 만들어야 하니 시간과 노력이 많이 들 것이다. 그럼 어떻게 하면 좋은가? 우선은 남들이 다니고 있는 길을 따라가면 된다. 이게 모방이다. 그 후 능력과 지혜가 생기면 더 좋은 길을 개척할 수 있다. 그것이 창조다.

사람이 인격적으로 성숙하고 훌륭한 인물로 성장하기 위해서도 이와 같은 길을 따르는 것이 현명한 방법이라고 생각한다. 세상에는 존경받는 훌륭한 인물들이 있다. 그들 중에 자기가 닮고 싶은 인물을 선정하여 그를 따라 하다 보면 자기도 어느새 그런 인물로 변화되고 발전할 것이다.

나이가 들어가면서 세상에 대한 안목이 넓어지고 지혜가 열리면 지금까지 따라 했던 데서 한 걸음 더 나아가 자기 나름대로의 깨달음과 가치관을 접목시키면 나만의 향기까지 있는 새로운 인물상이 만들어 질 것이다.

내가 젊은 시절부터 닮고자 노력했던 주 모델은 이순신 장군과 도산 안창호, 그리고 논어에서 제시한 이상적 인격모델 군자(君子), 그리고 '물'이다.

이순신 장군은 한국사람이라면 누구나가 존경하는 인물이지만 특히 나라의 녹을 먹는 공직자로서, 또 나라를 지키는 군인으로서, 그리고 부하를 이끄는 리더로서 어떻게 살아야 하는지를 가장 분명하고 완벽하게 보여준 인물이다.

내가 이순신 장군에게서 배운 것은 첫째, 높은 도덕성과 정의감을 가지고 바르게 공무를 수행하고, 개인적 출세보다 임무 완수와 나라의 안위를 항상 우선했던 점.

둘째, 군인은 전쟁에 나가면 반드시 승리해야 하며 승리는 막연한 호기와 의욕으로 얻어지는 것이 아니라 논리적이고 조직적이고 창의적인 철저한 준비와 훈련을 통해 만들어진다는 것을 보여준 점.

셋째, 리더로서 부하와 백성들을 진실로 사랑하고, 솔선수범하며, 신분의 벽을 넘어 부하의 능력을 인정하고 활용함으로써 조직의 능력을 극대화하고 그들로부터 마음에서 우러나는 존경과 신뢰를 받는 리더십을 발휘한 점.

넷째, 군인이면서도 단순히 무예와 병법에만 능한 것이 아니라 시를 짓고 일기를 쓰는 문무를 겸비한 품격 높은 무인이었다는 점.

다섯째, 나라가 나를 필요로 할 때는 충심을 다해 위국헌신 하지만 나의 쓰임이 끝나면 기꺼이 시골로 내려가 농사를 짓겠다는 득도와 달관의 경지에 이른 고매한 인격자라는 점이다.

도산 안창호 선생에게서는 첫째, 나라가 얼마나 소중한지와 나라를 위해서는 일신의 영달이나 편안함을 기꺼이 버리고 나라에 모든 것을 바칠 수 있어야 한다는 점.

둘째, 나라는 힘이 있어야 지킬 수 있고 나라가 힘이 있기 위해서는 국민 모두가 지식 있고, 인격 있고, 단합하는 국민이 되어야 하며, 그러기 위해서는 '나부터 그런 사람이 되어야 한다'라고 생각하고 무실역행(務實力行)을 평생 실천한 점.

셋째, 나라가 왜 망했는지에 대한 현실을 냉철하게 직시하고, 학교를 세우고 지도자를 양성하는 등 실효성 있고 장기적인 대안을 마련하는 이성적이고 합리적이며 통찰력 있는 자세를 가진 점이다.

논어에서 제시하는 군자(君子)상은 특정한 개인이 아니라 학문적, 도덕적으로 높은 경지에 이른 이상적인 인격자를 말한다. 나는 생도시절 논어를 처음 읽으면서 '아하! 사람은 바로 이런 사람이 되어야 하는구나'라는 생각을 했었다.

'배우기를 좋아하고, 마음을 어질게 가지며, 거짓이 없고, 손해를 보더라도 옳은 것을 추구하며, 예의바르고, 겸손하며, 중용의 지혜로 균형과 조화의 감각을 잃지 않으며, 남이 나를 알아주지 않아도 섭섭해하지 않으며, 음악과 노래를 좋아하며 즐겁게 살 줄 아는 그런 사람이 되어야겠다'라고 생각했다.

물론 내가 논어에서 제시한 군자상에는 턱도 없이 모자라겠지만 늘 마음에 품고 인격도야의 지표로 삼았다.

나는 꼭 사람뿐만 아니라, 자연현상 속에서도 배울 것이 있다면 배워야 한다고 생각했다. 그 중에서도 물은 훌륭한 인격자 이상으로 나에게 많은 가르침을 주었다. 선조들도 이미 오래전부터 물로부터 큰 지혜를 얻었다. 중국의 고전인『시경』에 보면 '상선약수(上善若水)'라는 말이 있다. '사람이 살아가는 최고의 이치는 물과 같다'라는 뜻이다. 손자병법에도 '병형상수(兵形象水)'라 하여 '전투력을 운용하는 최고의 원리 또한 물의 이치와 같다'고 했다.

내가 물을 통해서 깨달은 것은 첫째, 세상의 모든 물은 흘러서 결국 바다로 간다. 목표와 방향을 잊어버려서는 안 된다.

둘째, 물은 모든 생명체에 생기를 주고 세상의 더러운 것을 다 씻어낸다. 남에게 늘 이로움을 주는 사람이 되어야 한다.

셋째, 물은 어떤 그릇에도 담길 수 있다. 어떤 환경에도 적응할 수 있어야 한다.

넷째, 물은 장애물이 있으면 돌아가고, 막히면 채워서 위로 넘는다. 역경을 슬기롭게 해결하고, 힘이 부족할 땐 힘을 키우며 때를 기다리는 지혜가 있어야 한다.

다섯째, 물은 가장 낮은 곳으로 흐른다. 항상 자신을 낮추는 겸손함이 있어야 한다.

여섯째, 물은 항상 수평을 유지한다. 균형과 조화감각, 평상심을 잃지 않아야 한다.

일곱째, 물은 절벽을 만나면 폭포가 되고 댐을 만나면 발전을 한다. 부드럽지만 때가 되면 큰 힘을 발휘할 줄 알아야 한다.

나는 위와 같은 네 가지 큰 모델 외에도 누구든지 배울 게 있으면 배워야 한다고 생각했다. 공자도 삼인행 필유아사언(三人行 必有我師焉), 즉 '세 사람만 가도 그 중에 스승이 있다'라고 하였다. 속담에도 노인 세 사람에게 물어보면 인생의 답이 있다고 했다. 내 경험으로 봐도 중요한 임무를 맡을 때마다 먼저 경험을 해본 여러 사람들로부터 경험담을 들어보면 길이 확실히 보이고 막연한 불안감도 떨쳐낼 수 있었다.

내가 지금까지 살아오면서 나에게 좋은 본이 되었던 인물들을 참고로 소개한다.

● 나에게 본이 되었던 인물 및 본받은 점

인물	본받은 점
1. 이순신	임진왜란 시 장군. 공직자·군인·리더로서 가장 이상적인 인물
2. 안창호	독립활동가겸 민족지도자. 실질적 힘이 국가독립 기반임을 인식하고, 나부터 힘 있는 사람이 되고자 끊임없이 공부하고 인격을 수련
3. 안중근	독립활동가·장군. 위국헌신군인본분의 본을 보이고, 죽음 앞에서도 당당함을 잃지 않고, 높은 학식으로 일본을 압도
4. 세종대왕	조선 임금. 설득과 창조의 리더십·애민정신, 높은 학구열, 경제·군사·학문 병행 발전
5. 김구	독립활동가 겸 민족지도자. 사심없이 오직 국가와 민족만을 생각, 포용과 통합의 리더십
6. 박정희	대통령. 사심없이 국가 발전만을 생각, 비전과 강한 추진력의 리더십으로 5천 년의 가난을 끊고 잘사는 대한민국의 기초를 만듦
7. 김유신	신라 장군. 통일에 대한 비전과 실현 노력, 충직한 신하로서의 자세와 동고동락의 리더십
8. 김종오	6·25전쟁 시 장군. 춘천 전투·백마고지 전투의 영웅, 항재전장의식, 군인적 원칙과 기본에 충실한 자세
9. 백선엽	6·25전쟁 및 창군 초기 장군. 다부동 전투, 평양 입성의 영웅, 솔선수범의 리더십, 국가차원의 전략적·정책적 마인드, 외국어 능력
10. 심일	6·25전쟁 시 영웅. 소대장으로 죽음을 각오하고 앞장서 포탄을 들고 적 자주포로 돌진하여 임무를 완수한 용기·책임감·솔선수범 정신
11. 무명용사	6·25전쟁 시 이름 석자에 대한 최소한의 명예까지 버리고 조국에 기꺼이 목숨을 바친 진정한 군인
12. 강재구	훈련 중 산화한 중대장. 부하의 생명을 구하기 위해 수류탄을 몸으로 덮은 부하애와 책임감

인물	본받은 점
13. 심기철	필자가 부사관학교 교관 시절의 학교장, 살림의 절반이 군사 관련 서적이며, 한국군 교범은 물론 미군·일본군 등 외국군 교범까지 통달한 장군. 항상 공부하며, 임무 완수에 혼신의 노력을 다함
14. 칭기즈칸	몽고제국 건설자. 어떤 어려움에도 굴하지 않는 긍정적 자세와 불굴의 의지, 비전·포용·통합의 리더십
15. 나폴레옹	프랑스 장군, 황제. 끊임없이 공부하는 자세, 탁월한 설득력, 전략적 안목
16. 롬멜	독일 장군. 끊임없이 공부하는 자세, 솔선수범, 탁월한 군사안, 군인정신에 충실
17. 워싱턴	미국 장군, 대통령. 부하사랑, 포용과 통합의 리더십, 대통령 3연임을 요구하는 국민의 요구에도 불구하고 2연임이면 충분하다며 기꺼이 물러난 무욕과 겸손을 실천
18. 아이젠하워	2차 대전 시 미국 장군, 대통령. 고매한 인격, 포용과 통합의 리더십, 전략적 안목. 소령 16년 만에 중령 진급을 할 만큼 묵묵히 소임을 다하고 기다릴 줄 아는 지혜
19. 오기	중국 장군. 부하의 등창고름을 입으로 빨아준 부하사랑과 솔선수범의 표본
20. 로완	미군 중위. 쿠바 밀림에 있는 저항군 지도자에게 미국 대통령의 밀서를 전달하라는 임무만 받고, 모든 난관을 스스로 개척하여 임무를 완수한 책임감, 군인다운 용기
21. 네이선 헤일	미국독립전쟁 시 워싱턴 장군 휘하 정보장교. 적에게 잡혀 처형을 당하며 '조국을 위해 바칠 목숨이 하나뿐인 것이 아쉬울 뿐'이라는 명언을 남긴 진정한 충성심과 애국심
22. 할 무어	월남전 참전 미군 대대장. 생환을 장담할 수 없는 전투에서 항상 솔선수범하고 산 자든 죽은 자든 꼭 함께 돌아올 것이라는 부하에 대한 사랑과 책임감으로 임무를 완수
23. 유성룡	임진왜란 시 조정 중신. 당쟁속에서 선조의 미움을 무릅쓰고 이순신의 인품과 능력을 믿고 소신껏 천거한 용기와 진정한 충성심

인물	본받은 점
24. 정약용	조선시대 관리 겸 학자. 공리공론에 빠진 조선 유학사회에서 실사구시를 용기있게 주창하고 목민심서와 같이 백성위주의 올바른 정치를 실천
25. 링컨	미국 대통령. 하원의원부터 수없이 낙선을 하면서도 절망하지 않고 도전하여 대통령까지 됨. 노예 해방 등 용기 있게 정의 실현, 뛰어난 연설 능력과 유머감각
26. 간디	인도 독립운동가. 무저항, 비폭력으로 인도독립을 실현한 고매한 인격, 정의감, 포용과 화합의 리더십
27. 처칠	영국 수상. 실의에 빠진 영국 국민에게 용기를 주고 2차 대전을 승리로 이끈 탁월한 리더십, 감동을 주는 연설 능력, 어떤 경우에도 유머를 잃지 않는 담대함과 여유
28. 헬렌 켈러	미국 교육자. 시력 · 청력을 모두 잃고도 좌절하지 않고 꿈을 실현한 긍정적 마인드와 적극적 자세, 매사에 감사하는 마음
29. 슈바이처	독일 의사. 세계대전 후 실의와 염세주의에 빠진 독일 국민에게 희망 · 긍정의 신념을 주고, 아프리카에서 평생 의료 봉사를 한 인류애와 봉사정신
30. 마더 테레사	수녀. 고국을 떠나 세계 최고 빈민가를 찾아 평생 봉사활동을 한 인류애와 봉사정신
31. 반기문	유엔사무총장. 큰 꿈과 끊임없는 노력, 탁월한 친화력과 겸손함. 남에 대한 존중과 배려, 세계 평화에 기여
32. 김수환	추기경. 끊임없이 고뇌하며 정의를 세우고, 소외되고 힘없는 사람들을 위해 앞장서 사랑을 실천
33. 이경제	신부. 의왕 나자로 마을(나병환자 보호시설) 창립자, 나병 환자들을 위하여 평생을 바친 사랑과 봉사를 실천
34. 최귀동	오웅진 신부가 꽃동네를 만든 계기를 만들어 준 거지 할아버지. 자신도 걸인이면서 얻어먹을 힘조차 없는 장애인, 병든 사람을 다리 밑에 모아 놓고 동냥을 해온 밥으로 이들을 돌보았음.
35. 유태인	언제, 어디에서도 민족혼을 잃지 않고 지식보다 지혜를 가르치는 진정한 지혜로움을 가진 민족

인물	본받은 점
36. 카네기	미국 철강왕. 모든 역경을 딛고 꿈을 이룬 긍정, 열정, 불굴의 의지, 모든 재산을 사회에 환원한 진정한 나눔을 실천
37. 정주영	현대그룹 회장. 불모지에서 건설, 자동차, 조선산업을 일으켜 세계적 기업을 만든 긍정적 자세, 불굴의 의지, 강한 추진력, 새벽 4시에 일을 시작하는 성실함
38. 이건희	삼성그룹 회장. 아버지로부터 물려받은 데 그치지 않고, 삼성을 세계 초일류기업으로 성장시킨 비전, 글로벌 마인드, 뿌리를 뽑는 근성, 오너로서의 확고한 책임감
39. 강영우	고아이며 시각장애인으로서 좌절하지 않고 미국으로 유학을 가 한국 최초의 시각장애인 박사, 백악관 정책차관보, 세계장애위원회 부의장이 됨. 장애를 딛고 꿈을 실현한 긍정적 자세, 불굴의 의지
40. 김연아 선수 여자양궁 선수 여자골프 선수	수많은 관중이 지켜보고, 화살 1발, 퍼팅 1개, 점프 한 동작이 챔피언이 되냐 안 되냐를 가르는 극도의 긴장감 속에서도 최고의 기량을 발휘하는 놀라운 침착성·의연함·담대함, 이를 뒷받침한 피나는 훈련 감내

아침형 생활하기

젊은 시절에는 아침에 일찍 일어나는 것이 쉽지 않은 일이지만, 나는 늦어도 아침 6시에 일어나서 하루 일과를 시작하는 습관을 들이기 위해 노력했다. 중위 시절 외출을 나갔다가 새벽 4시에 콩나물을 팔러 나가는 사람을 본 뒤 '한 가족을 책임지는 사람도 새벽 4시부터 일을 시작하는데 나라를 위해 일해야 하는 나는 몇 시부터 일어나야 할까'하는 생각을 한 이후로는 늦잠을 잘 수가 없었다.

아침에 일어나 맑은 공기를 마시며 가볍게 뛰고 나면, 몸도 가벼워지고 머리도 맑아졌다. 그리고 차분히 책상 앞에 앉아 기도를 하고 오늘 할 일을 생각하면 정리가 잘 되었다. 시간이 여유가 있으니 아침식사도 거르지 않고 꼭꼭 챙겨먹을 수 있었고, 출근도 여유있게 할 수 있었다.

조금 일찍 일어나는 습관이 하루를 매우 여유 있고 건강하게, 그리고 계획성 있게 살 수 있도록 만들었다.

일본인 의사 사이쇼 히로시가 쓴 『아침형 인간』이란 책이 대단한 화제를 일으키며 베스트셀러가 된 적이 있었다. 나는 아침형 생활이 습관화되지 않은 사람이라면 반드시 이 책을 한번 읽어 보길 권한다.

물론 사람마다 생체리듬이 다르고 개인별로 성과를 내기가 좋은 시간대가 있지만 군대처럼 언제나 규칙적으로 일과가 이루어지는 조직생활을 해야 할 경우에는 아침형 생활습관이 매우 유용하다고 생각한다.

영어 공부하기

나는 성공원리 세 번째 "능력을 키워라"에서 영어를 잘하면 기회가 배가 된다고 강조한바 있다. 글로벌 시대인 지금은 모든 젊은이들이 영어의 중요성을 잘 알고 있고 취업을 위한 스펙에서 영어연수는 필수가 되었다. 그러나 내가 초급장교 시절에는 지금처럼 영어 붐이 일지는 않았었다. 그러나 나는 중위 시절 당시 원주에 있던 제1부사관학교에서 교관을 하면서 미군교범들을 접하게 되고, 1군사령부에 파견근무를 하면서는 전투협조를 위해 나와 있는 미군들과 만나게 되면서 영어의 중요성을 깨닫게 되었다. 그리고 능력있는 장교가 되기 위해서는 군사선진국인 미국에 가서 공부를 해볼 필요가 있다고 생각하였다. 그래서 우선 미군 교범을 열심히 공부하고, 또 미국 고등군사반 유학을 위한 영어공부를 열심히 했다. 영어공부를 열심히 한 결과 미 육군보병학교 고등군사반 유학기회를 갖게 되었고, 이후에도 영어 공부를 꾸준히 하여 소령 때는 미국 합동참모대학에도 유학을 갈 수 있게 되었다.

계기마다 목표와 계획 세워 실천하기

나는 초급간부 실천전략 2번에서 '인생의 목표와 10년 계획을 수립하라'고 제시하였다. 그러나 내가 20대에는 인생의 목표는 오랜 시간의 고뇌와 많은 생각을 거쳐 '창조적 발전을 추구하며 봉사하는 리더'로 설정하였으나, 10년 계획을 세울 생각은 하질 못했다. 그 대신 계기마다 그때그때 계획을 세웠다.

'부사관학교 교관 시절', '미국 유학을 위한 유학장교 영어반 교육시', '미국 고등군사반 유학 시', '중대장 시' 등 초급장교 시절 주요 계기 때마다 그 시기를 어떤 목표를 가지고 어떻게 보낼 것인가를 생각하곤 했다. 매년 초에도 한 해의 계획을 세우곤 했는데 실천을 제대로 하지 못하는 경우가 많아 자주 반성하며 새롭게 결심하곤 했다.

돌이켜보면 그러한 노력을 꾸준히 반복한 것이 결국은 내 젊은 시절을 알차게 만들었다고 생각된다. 인생을 보람되게 사는 중요한 지혜 하나는 시간의 매듭을 효과적으로 잘 쓰는 것이라고 나는 생각한다.

여행과 음악 취미

사람은 한 번밖에 살지 못하는 일회적 인생이므로 값있게 살아야 한다. 그래서 성공도 추구하고 성공하기 위해서 일도 열심히 해야 한다. 남의 주목을 받을 만한 성공을 이룬 사람들은 일이 취미라고 할 만큼 열심히 일을 한 사람들이다.

여기에서 우리는 한 가지 고민에 빠지지 않을 수 없다. '값있게 사는 것도 좋고, 성공도 좋지만 그럼 한 번뿐인 인생을 일만 하다가 죽으라는 것이냐?'란 질문에 부딪칠 수 있다. 한 번뿐인 인생을 값있게 살아야 한다는 데 이의가 없겠지만 사실 사람에게 더 보편적인 희망은 행복한 삶일 것이다.

사람은 보람 있고 가치 있게도 살아야 하지만 행복하게도 살아야 한다. 그래서 우리는 성공을 위해 일도 열심히 해야 하지만 성공 때문에 행복의 샘인 가정을 소홀히 하거나 삶의 또 다른 가치들을 포기해서는 안 된다. 행복 없는 성공은 공허한 성공이 될 수 있다. 그러기 위해서는 직장과 가정, 일과 휴식의 지혜로운 조화가 필요하며 정신적 풍요로움을 어떻게 얻을까도 생각할 필요가 있다. 그래서 건전한 취미생활이 중요한 의미가 있다고 생각한다.

나의 취미는 여행과 음악이다. 취미라고 딱 정해서 시작한 것은 아니고 생도 시절부터 내가 좋아서 즐기다 보니 취미가 된 것이다.

여행은 정신을 풍요롭게 하는 좋은 취미이면서 동시에 독서에 버금가는 공부이기도 했다. 여행을 하면 책이나 TV 등을 통해서 배우고 느꼈던 것과는 또 다른 새로움과 감동이 생긴다. 생도 시절부터 시작하여 OBC, OAC 등 교육기간 중 여가시간이나 휴가 때에는 국내 곳곳을 여행하였고, 미국에 유학 갔을 때는 미국과 유럽 지역을 여행하였다. 결혼을 한 뒤에도 집에 우리나라 지도를 걸어 놓고 체크를 해가면서 자녀들을 데리고 여행을 하였다.

이렇게 여행을 많이 한 덕에 내 삶을 풍요롭게 하였고 지휘관을 하는데도 크게 도움이 되었다. 부하들과 대화를 나눌 때 그들의 고향에 대해 이야기를 나누면 쉽게 친해지고 마음이 쉽게 열리는 것을 많이 경험했다. 국방대학원에 다닐 때 휴가 전 기간을 투자하여 아내와 함께 유럽으로 배낭여행을 다녀온 것은 아내에게도 두고두고 잊혀지지 않는 선물이 되었다. 나는 여행을 위해서는 돈과 시간을 아낌없이 쓴다.

음악은 어쩌면 가족보다 더 오래되고 같이 하는 시간도 더 많은 나의 반려다. 내가 장교로 임관해서 목돈을 만들어 처음 한 일이 카세트 녹음기를 구입한 것이었다. 후방에 근무 시는 여건이 허락하는 대로 음악회도 가고, 외국 여행을 할 때에 유명한 공연장이나 연주회에 최대한 가보고자 노력했다.

전역을 앞둔 시점에 생도 시절부터 배우고 싶었던 색소폰을 배우기 시작했다. 듣기만 하는 음악보다 악기 하나를 직접 연주할 수 있으면 차원이 다른 취미가 될 수 있다.

야외훈련과 비상대기가 많고 또 부대업무나 개인의 발전을 위해 해야 할 일이 많은 군대생활에서 취미생활은 다소 사치스럽게 들릴지 모른다. 그러나 나는 그렇게 생각하지 않는다. 물론 취미생활을 위한 물리적 여건이 많이 제한되는 것은 사실이나 군대의 리더일수록 마음의 여유가 중요하고 개인적으로도 정신적 풍요로움을 가져다주는 취미생활은 충분히 가치 있는 일이며, 여건이 허락되는 대로 하는 것이 좋다고 생각한다.

**신앙생활과
효도 착실히 하기**

오늘의 내가 있도록 정신적·인격적으로 기반이 되어준 것은 크게 다섯 가지이다. 일기 쓰기, 독서, 인격모델 따라 하기, 육군사관학교 교육, 그리고 신앙생활이다.

나는 어릴 적부터 가톨릭 신앙을 가지고 살아오고 있다. 신앙은 나에게 바르게 살아갈 수 있는 이유와 용기를 심어주었고, 어떤 시련과 역경속에서도 긍정적이고 적극적으로 살아갈 수 있는 희망과 불굴의 의지를 주었으며, 사랑과 봉사와 감사의 삶이 얼마나 가치있고 소중한 것인지를 분명하고 확실하게 가르쳐 주었다.

신앙은 참으로 개인적인 일이다. 어느 누구도 강요할 수 없고 강요해서 될 일도 아니다. 마음으로부터 받아들이고, 절대자와 자신과의 깊은 교감속에서 자라나는 것이 신앙이다. 그럼에도 불구하고 나는 젊은 간부들에게 신앙을 가질 것을 적극 권하고 싶다. 만물의 영장이며 대단한 능력을 가진 것이 사람이지만 늙고 병들고 결국은 죽을 수밖에 없는 인간적 한계도 가지고 있다. 그래서 절대자를 통해 이러한 한계를 극복하고 구원을 얻겠다는 마음이 신앙의 바탕이 된 것이라 생각한다.

나는 이러한 구원적 의미 외에도 일상적인 삶을 살아가면서 거짓과 불의에 타협하지 않고 참되고 바르게 사는 삶, 서로 돕고 사랑하며 사는 아름다운 삶, 역경과 고통 속에서도 희망을 잃지 않고 긍정적인 삶을 살 수 있는 힘과 지혜를 주는 것도 신앙이라고 확신한다.

특히 위국헌신 군인 본분의 길을 가는 간부들에게는 높은 도덕성, 죽음도 초월하는 사생관, 부하에 대한 진정한 사랑의 마음, 어떤 역경에도 굴하지 않는 굳은 의지와 긍정적 자세가 반드시 있어야 하는데 진실된 신앙생활을 꾸준히 하면 이러한 것들이 확고한 신념으로 자리 잡을 수 있다고 확신한다. 그래서 나는 젊은 간부 여러분이 어떠한 종교를 선택하든 진실한 신앙을 꼭 가지길 진심으로 권한다.

또 효도는 사람으로서 해야 할 첫 번째 도리라는 생각을 늘 가지고 유복자인 나를 정성껏 키워주신 어머니께 효도하려 애썼다. 중위 때는 TV에서 영친왕이 일본에 가 있을 때 매일 고국에 계신 부모님에게 문안엽서를 올리는 모습을 보고 나도 매일 문안엽서를 올리기도 하였다. 군인이어서 물리적으로 많이 떨어져 살 수밖에 없었지만 여건이 허락하는데로 찾아뵙거나, 전화로 자주 문안을 올리고 결혼 후에는 많이 모시고 살았다. 또 중국의 노래자라는 사람은 70이 되어서도 부모님을 기쁘게 해 드리고자 색동옷을 입고 춤을 추었다는 얘기를 늘 생각하며 나이가 들어서도 어머니께 품안의 자식같은 생각이 드시도록 해 드리고자 노력하였다.

자신감을 가져라

자기 자신을 믿으라

자신감은 자기를 믿는 마음이다. 성공은 자기 자신에 대한 믿음에서부터 출발한다. '플라시보 효과(placebo effect)'라는 것이 있다. 이는 가짜 약인데도 믿기만 하면 실제 효과를 나타내는 '위약효과' 현상을 말한다. 예를 들어 환자에게 약효가 전혀 없는 약을 주고 새로 개발된 치료약이라고 하면, 대략 30%의 환자에게서 증상이 개선되는 효과를 볼 수 있다는 것이다. 믿음의 힘이 과학적 수치로 증명된 것이다.

우리는 운동선수들을 보면서 평소 실력은 분명히 월등한데 실제 시합에만 나가면 그만큼 기량을 발휘하지 못하는 선수가 있는가 하면 반대로 기량은 비슷한데 대회에 나가면 더 좋은 성적을 거두는 선수도 본다. 그 차이는 어디서 오는가? 바로 자신감이다. 실력도 없이 자신감만으로 일을 성취할 수는 없다. 그러나 자기가 가진 실력에 생명력을 불어넣는 것은 자신감이다. 실력이 기계라면 자신감은 이 기계를 돌리는 전기 같은 역할을 하는 것이다. 아무리 훌륭한 기계라 해도 전기가 들어가지 않으면 제 역할을 할 수 없듯이 실력이 있더라도 자신감이 없으면 제대로 실력발휘를 할 수 없는 것이다.

간부라면 누구나 성공할 수 있다

군에 간부로 선발된 사람이라면 누구나 우리 군 안에서 성공할 수 있는 충분한 자질을 이미 갖춘 사람이다. 그렇지 않았더라면 여러분들은 군 간부로 선발조차 되지 않았을 것이다. 여러분은 TV에서 〈생활의 달인〉이라는 프로를 본 적이 있을 것이다. 그들은 특별한 능력이나 재주가 있어서 그 수준에 도달했다기보다 그일을 꾸준히 열심히 하다 보니까 그 분야의 고수가 된 것이다.

성공적인 삶을 산 사람들을 보면 능력과 재능이 탁월한 사람도 물론 있지만 많은 사람들은 평범한 사람임을 알 수 있다. 누구나 착실하게 능력을 키우면서 '나도 할 수 있다', '하면 된다'는 자신감을 확고히 가진다면 여러분의 꿈은 반드시 이루어질 것이다. 자

신감을 가져라. 이미 간부가 된 여러분은 노력하면 누구나 성공할
수있다. '하면 된다.'

| 제 6전략 |

절대 포기하지 마라

인생은 마라톤이고 긴 항해와 같다

인생의 목표와 구체적인 계획을 수립하고, 자신감을 가지고, 열심히 노력하면 성공할까? 물론이다. 그런데 여기에는 한 가지 전제 조건이 있다. 인생은 100m 달리기처럼 한 번 반짝하고 끝나는 것이 아님을 잘 알아야 한다.

인생은 마라톤이다. 오르막도 있고 내리막도 있다. 또 인생은 먼 항해를 하는 것과 같아서 순풍을 만나기도 하지만 때로는 역풍도 만나고 때로는 더 심한 태풍을 만나거나 암초를 만나 아예 좌초될 수도 있다. 그래서 이런 역경과 시련에도 결코 굴하지 않아야 비로소 성공이라는 최종 목적지에 도달할 수 있는 것이다. 성공한 사람들의 인생사를 보면 성공에서 성공으로 이어진 순항의 역사라기보다 수많은 실패와 좌절의 연속인 경우가 훨씬 많다. 그러나 그들은 포기하지 않고 다시 도전하여 끝내 자기의 꿈을 이루었던 것이다.

긍정의 힘을 믿으라

『빛나는 성곽(The Bright Rampart)』이라는 책을 저술한 미국의 여류 작가 델마 톰슨은 미국 모하비 사막에 있는 부대로 배치된 남편을 따라 사막에서 생활하게 되었는데, 인디언과 멕시코인들 밖에 없는 사막생활은 영어도 통하지 않고 외롭고 견디기 힘든 나날이었다. 차라리 감옥에 사는 것이 낫겠다며 부모님께 어려움을 토로하자 부모님께서 다음과 같은 답장을 보내셨다.

'감옥에 두 죄수가 갇혔는데, 한 죄수는 창살 사이로 철조망만 바라보며 시간을 보내고, 다른 한 죄수는 창살 넘어 푸른 하늘과 밝은 별을 보고 산다.'

그녀는 이 편지를 받고 자신의 생활을 사랑하며 사막의 이야기를 글로 쓰기 시작했는데 이 책이 바로 『빛나는 성곽』이란 책이 되었고 그녀는 이 책이 계기가 되어 유명작가가 되었다.

성공적인 삶을 살기 위해서는 무엇보다도 먼저 세상을 긍정적으로 보아야 한다. 부정적이고 비관적인 생각에서는 아무런 희망도 싹틀 수 없다. 세상의 모든 일에는 밝은 면과 어두운 면이 다 있다. 얼른 보면 온통 칠흑 같은 어둠뿐이고 사면초가같이 느껴지는 경우도 있을 것이다. 그러나 그것이 전부가 아니다. 그것은 자기가 어두움만 보고 있기 때문에 그런 것이다.

당장 밖에 나가서 태양을 등지고 바라보면 그림자만 보일 것이다. 그러나 태양을 마주하고 서봐라. 그림자는 없어지고 밝고 빛나는 세상이 보일 것이다. 똑같은 현상인데 긍정적 시각과 부정적 시각의 결과는 이렇게 차이가 크다.

하늘이 무너져도 솟아날 구멍이 있다는 속담은 괜히 나온 것이 아니다. 실제 찾아보면 솟아날 구멍이 반드시 있다. 긍정의 힘을 믿기 바란다.

걸림돌을 디딤돌로 바꿔라

성공은 넘어지지 않을 때 얻어지는 것이 아니라 넘어졌어도 다시 일어날 때 오는 것이다. 어떠한 시련과 역경이 와도 결코 자신의 인생을 포기해서는 안 된다. 우리는 내 자신을 걸려 넘어지게 한 걸림돌을 디딤돌로 만드는 지혜와 용기를 가져야만 한다.

유엔 장애인 위원회 부의장을 지냈던 강영우 박사는 한국 장애인으로서 첫 미국 박사가 되고 백악관 정책차관보까지 역임한 시각 장애인이다. 그는 14세 때 아버지가 돌아가셨고 이듬해에 운동을 하다 시력을 잃었으며, 충격을 받은 어머니마저 돌아가시자 고아가 되었다. 이후 몇 년간 방황하며 자살까지 생각했으나, 그는 포기하지 않고 다시 일어나서 미국으로 건너가 역경을 극복하고 꿈을 이루었다.

여러분은 이제 군생활의 시작, 본격적인 인생의 시작 단계에 있을 뿐이다. 모두가 20~30대의 젊은이다. 여러분에게는 수많은 기회가 있다. 포기하지 않는 한 기회는 반드시 온다. 포기하지 마라. 절대 포기하지 마라.

성공의 장애물을
조심하라

젊은 간부 여러분들은 새로운 마음으로 성공의 발걸음을 힘차게 내디뎠다.

그러나 그 길에는 여러분의 발목을 잡는 장애물도 있다. 이 장애물의 주 요소는 간부사고다.

사고는 여러분의 의지와 노력으로 극복해야 할 역경이나 시련과는 달리 반드시 피해야 할 지뢰지대고 늪과 같은 것이다. 사고는 자칫하면 여러분이 가고 있는 군인의 길을 아예 바꾸게 하거나 또는 군생활 내내 심대한 영향을 주는 족쇄가 된다. 그래서 사고는 반드시 피해야 한다.

혈기를 잘 다스려라

젊은 시절은 행동하는 힘이 있다. 이것저것 따지지 않고 일단 과감하게 행동에 옮기는 것이다. 이러한 젊은 혈기는 모험과 도전도 기꺼이 하게 하는 창조 에너지다. 그러나 이것이 잘못된 방향으로 분출되면 실수를 유발하거나 결국 사고로 이어지게 된다.

군 생활 경험이 부족해서 업무적으로 미흡한 것은 얼마든지 이해받을 수 있지만 사고를 치는 것은 결코 용납되지 않는다는 사실을 명심해야 한다. 혈기를 잘 다스리지 못해 상관에게 대들거나 또는 하급자가 나이와 경험만 내세우며 계급이 높은 상급자를 무시하는 사고가 종종 발생한다. 군대에서는 결코 있을 수 없는 일이다. 또 감정을 못 이겨 부하들에게 폭력을 행사하는 경우도 있는데 이 또한 엄정한 처벌이 뒤따른다는 것을 명심해야 한다.

술은 간부사고의 원흉이다

초급간부 시절에 일어나는 사고의 절반 이상은 술 때문에 발생한다. 군에서 발생한 사고를 분석해 보면 간부사고의 70~80%는 초급간부들에 의해서 발생하고 초급간부가 일으키는 사고의 절반 이상은 음주가 원인이었다.

술은 적절히 마시면 약이 되지만 도를 넘으면 반드시 독이 된다. 군에서 음주가 원인이 되어 발생한 사고들을 보면 음주운전, 성희롱, 상관 무시, 폭행, 강도 등과 같이 평시 같으면 상상도 할 수 없었던 일이 자기도 모르는 사이에 벌어지는 것이다. 특히, 음주운전은 사고로 연결되어 자신의 생명도 잃고 남의 생명도 빼앗는 끔찍한 결과를 가져올 수도 있으며, 음주운전 기록이 있으면 모든 인사 평가 시 불이익을 받게 되어 있다.

나는 지휘관을 하면서 초급간부들의 진급과 장기복무 심사를 많이 했는데 능력도 있고 성실한 간부인데도 이런 음주운전 기록이나 사고전력이 있으면 매우 안타깝지만 불이익을 줄 수밖에 없었다. 이것은 군 전체의 방침이므로 간부들은 사고를 조심해야 하며, 특히 대부분 사고의 원인이 되는 술을 절대 조심해야 한다.

돈의 유혹에 빠지지 마라

2008년도에 우리 군에서는 수백 명의 초급간부가 관련된 전대미문의 금융사기 사건이 발생하였다. 이 사기사건은 순진한 초급간부들이 쉽게 돈을 벌 수 있다는 말에 속아 빚을 얻어서까지 투자를 했다가 크게 낭패를 본 사고다. 이 사건은 연일 언론에 보도되면서 군의 명예까지 크게 실추시켰다.

봉급을 절약하여 착실하게 저축하고 미래에 대비하는 건전한 경제 활동은 오히려 권장해야 하지만 건전한 수준을 넘어서 투기성 투자를 하고, 틈만 나면 주식시황을 살펴보는 등의 행태는 직업군인으로서 바람직하지 않은 일이다. 정말 돈 버는 일에 관심이 있다면 빨리 제대를 해서 사업을 하는 것이 올바른 선택이다.

그리고 돈을 헤프게 쓰면 안 된다. 돈 무서운 줄을 알아야 한다. 전군적으로 보면 초급간부들이 여기저기서 쉽게 돈을 빌려 쓰다가 나중에는 그 이자가 눈덩이처럼 불어나 스스로 감당이 안 되어 사고로 연결되는 경우도 종종 있다.

돈을 쉽게 벌려고 해서는 안 된다. 그리고 돈 무서운 줄 모르고 헤프게 써서도 안 된다. 군인은 돈의 유혹에 빠지지 말아야 한다.

결론은
오피던트다

간부는 오피던트가 되어야 한다

내가 20대 초에 가장 감명 깊게 읽은 책 중 하나가 춘원 이광수가 쓴 도산 안창호 전기였다.

도산은 17세 되던 해에 일본과 청나라가 자기네 군대를 우리 땅에 끌고와 전쟁을 하는 모습을 보며 '나라가 힘이 없어 이런 수모를 겪는구나'라며 나라는 힘이 있어야 한다는 것을 깊이 깨닫고, 1938년 서거할 때까지 평생을 나라의 독립과 국민교육에 힘썼던 독립지사다.

도산 선생님은 '힘이 독립의 기초요 생명이다. 힘이란 무엇이냐! 국민이 도덕 있는 국민이 되고, 지식 있는 국민이 되고, 단합하는 국민이 되어서 정치 · 경제 · 군사적으로 남에게 멸시를 아니받도록 되는 것이다. 그리기 위해서는 나부터 지식적으로, 또 인격적으로 힘이 있는 사람이 되어야 한다. 그러므로 나는 공부하자'라고 결심하고 미국 유학길에 올랐으며, 귀국 후에도 평생 공부와 수양을 게을리하지 않았다.

장교는 나라의 간성이며 간부들은 군대의 기둥이다. 나라의 간성, 군대의 기둥이 힘이 없으면 어찌 나라와 군대가 바로 설 수 있겠는가? 그래서 간부는 힘이 있어야 한다. 지식적 힘과 인격적 힘이 함께 잘 갖춰져야 한다. 그것이 나라가 잘 되고 군대가 잘 되고 그리고 개인적으로도 가치 있는 성공을 이룰 수 있는 밑거름이 되는 것이다.

군대의 리더이며 나라의 간성인 간부들은 능력을 키우고 고매한 인격을 갖추기 위해 지식 공부, 마음 공부를 끊임없이 해야 한다. 그래서 공부하는 간부, 즉 오피던트(Offident)가 되어야 한다. 오피던트(Offident)는 장교의 Officer와 학생의 Student를 합성한 단어로 내가 사랑하는 젊은 간부들을 위해 만들어 낸 말이다.

日日新의 지혜를 잘 활용하라

젊은이라면 누구나 자기발전과 성공을 추구할 것이다. 그런데 문제는 이러한 결심이 꾸준하게 실천되지 못하는 데 있다. 꾸준하고 성실하게 노력하고 실천하면 틀림없이 좋은 결과를 가져올 수 있을 텐데 그것이 말처럼 되지가 않는 것이다. 오죽하면 '작심삼일(作心三日)'이라는 말이 다 생겼겠는가?

그러면 이 작심삼일의 한계를 뛰어넘을 수 있는 방법이 없을까? 왜 없겠는가? 분명한 답이 있다. 그 답은 멀리 있지 않고 바로 문제인 작심삼일 그 안에 있다. 아무리 실천력이 약한 사람도 3일은 간다고 하지 않았는가? 그러니 답은 3일마다 새롭게 결심을 하는 것이다. 얼핏 보면 너무나 쉽고 평범해서 농담같이 들릴 수도 있을 것이다. 그러나 절대 그렇지가 않다. 이러한 생각이야말로 작심삼일의 문제를 확실하게 해결하는 분명하고도 유일한 답이라고 나는 확신한다. 정말 확실한 답인지 좀 더 생각해 보자.

새해를 맞을 때 사람들은 올해는 '영어공부를 하겠다', '운동을 시작하겠다', '담배를 끊겠다' 등 이러저런 결심과 계획을 세운다. 그러나 대부분은 오래가지 못한다. 그것이 보통 사람들의 방식이다. 그러나 지혜로운 사람은 새달이 시작될 때마다 연초에 세운 계획을 돌아본다. 그래 내가 이런 계획을 했었는데 그새 흐트러졌구나. 이달부터 다시 시작하자 하고 새롭게 결심을 한다. 그러니까 한 달에 한 번 결심을 하는 사람은 1년에 한 번 결심하는 사람보다 12배의 성과를 낼 수 있다.

좀 더 지혜로운 사람은 연초에 세운 결심과 계획을 한 주가 시작할 때마다 확인하고 점검한다. 이런 사람은 1년에 한 번 결심하는 사람보다 53배의 성과를 낼 수 있다.

그래서 지혜로운 우리 선조들은 '일일신 우일신(日日新 又日新)'
이란 좌우명을 만들었던 것이다. 3일마다 한 번씩 결심을 하는데
서 한걸음 더 나아가 매일매일을 새로운 마음으로 살았던 것이다.
인간의 약한 의지를 극복하기 위한 선조들의 놀라운 지혜가 아닌
가?

그래서 나도 젊은 시절에는 '일일신 자강불식(日日新 自强不息)'
즉 '매일매일 새로운 마음으로 쉼 없이 자신을 키우자'를 좌우명으
로 삼았다.

성공하는 삶, 가치 있는 삶을 살기 위해서는 일일신의 정신으로
끊임없이 자신을 갈고 닦아야 한다.

최상의 성공원리는 자신을 이기는 것이다

2010년 2월 26일, 캐나다 밴쿠버에서는 한국 국민은 물론 전 세계인의 시선을 빼앗고 넋을 잃게 한 대사건이 벌어졌다. 자랑스러운 대한민국의 딸 김연아 선수가 동계올림픽 피겨 여자싱글에서 금메달을 딴 것이었다. 그것도 228.56이라는 피겨 역사상 최고의 기록으로 말이다. 그 날 4분 10초 동안 온 국민은 숨도 죽인 체 손에 땀이 나고 가슴이 뛰었지만 스무 살 김연아는 차분하고 우아하게 단 한차례의 실수도 없이 완벽한 연기를 펼쳤고 외신들도 "역사상 가장 위대한 연기"라고 찬탄해 마지 않았다.

김연아 선수가 올림픽 여자피겨스케이팅의 시상대 맨 윗자리에 오른 것은 물론 아사다 마오 같은 다른 나라의 선수들과 경쟁하여 이겼기 때문이다. 그런데 우리는 여기에서 더욱 중요한 진실을 잘 보아야 한다. 경기장에서 상대 선수들을 이긴 것은 사실의 1%에 불과하다. 김연아 선수는 올림픽 경기장에서 다른 선수들과 경쟁하기 이전에 14년이란 길고 혹독한 자신과의 경쟁에서 이겼기 때문에 이 날 시상대의 가장 높은 자리에 오를 수 있었던 것이다. 이것이 드러나지 않은 99%의 사실이다. 김연아 선수는 여섯

살 때 처음으로 피겨 스케이트를 신은 이래 14년간 참으로 뼈를 깎고 살을 에이는 고난의 길을 걸었다. 무릎과 허리부터 꼬리뼈, 고관절까지 온몸에 부상과 통증을 달고 살았다. 마음껏 놀고 싶고, 하고 싶은 것 많은 10대 소녀 시절을 어머니와 함께 매일 밤 과천 실내링크에서 직원들이 불을 꺼야 한다고 채근할 때까지 훈련을 했다. 김연아 선수는 그의 자서전 '김연아의 7분 드라마'에서 "승부욕이 강한 나는 일등을 하고 싶었고 그것이 꿈을 이루는 것이라 생각했다. 그러다가 어느 순간 나의 경쟁 상대는 나 자신이라는 생각이 들기 시작했다. 먹고 싶은 걸 모조리 먹어 버리고 싶은 나, 조금더 자고 싶은 나, 친구들과 자유로운 시간을 보내고 싶은 나, 아무 간섭도 안 받고 놀러 다니고 싶은 나, 하루라도 연습 좀 안 했으면 하는 나… 내가 극복하고 이겨내야 할 상대는 다른 누가 아니라 내 안에 존재하는 무수한 '나' 였던 것이다"라고 고백하고 있다. 김연아 선수는 이런 자신과 끊임없이 싸워 이기므로서 올림픽 금메달 획득 등 세계대회 우승 9회, 2007년 세계선수권 대회 이래 11번의 세계 신기록을 수립하는 찬란한 금자탑을 쌓았던 것이다.

그렇다. 우리는 흔히 남과의 경쟁에서 이겨야 성공할 수 있다고 생각한다. 그러나 그것은 성공의 본질을 잘못 보고 있는 것이다. 성공은 자신과 싸워 이기지 않고서는 절대 이룰 수 없는 것이다.

'내 머리, 내 학벌, 내 배경 가지곤 해 봤자 뻔해', '나는 뭘 해도 제대로 되는 게 없어' 하는 부정적인 자신과 싸워 이겨야 한다. '조금만 더 자자', '피곤한데 내일 하자' 하는 게으른 자신과 싸워 이겨야 한다. '틈만 나면 TV 오락 프로를 트는 나', '한번 게임을 하면 그칠 줄 모르는 나', 이렇게 놀기만 좋아하는 나와 싸워 이겨야 한다. '올해는 영어 공부 좀 해볼까' 했다가 한 달도 못되어 흐지부지 하며 쉽게 포기하는 나와 싸워 이겨야 한다.

성공은 부정적인 나, 게으른 나, 열정이 없는 나, 쉽게 포기하는 나, 의지가 약한 나와 끊임없이 싸워 이길 때 비로서 가능성이 열리는 것이다. 자신과의 경쟁이 99%이고 남과의 경쟁은 1%에 불과하다.

나는 이 책의 첫머리에서 성공하는 사람들의 남다른 2%는 긍정적 사고, 일에 대한 열정, 절대 포기하지 않는 불굴의 의지라고 했는데 이는 바로 자신과의 싸움에서 이기는 것이 최상의 성공원리임을 암시한 것이다.

성공의 노예가 아니라 주인이 되라

우리는 당연히 성공을 추구해야 한다. 그러나 성공의 노예가 되어서는 안 된다. 성공이 가치 있는 삶을 이루는 중요한 요소임에는 틀림없지만 인생의 모든 가치는 아니기 때문이다.

성공을 추구하되 정도(正道)를 잃지 않아야 하며, 지위만 얻는 성공이 아니라 존경도 받는 성공이어야 하며, 행복을 희생해서 얻는 공허한 성공이 아니라 행복도 함께하는 알찬 성공이 되어야 한다.

세상을 살아가면서 무엇을 이루는 최고의 지혜는 그 일을 즐겁게 하는 것이라고 한다. 피할 수 없으면 즐기라는 수준의 불가피한 선택으로서가 아니라 자기 스스로 그것이 좋아서 즐거운 마음으로 그 일에 열정을 쏟고 몰입을 해야 한다. 그러면 성공은 부록처럼 저절로 따라온다.

정주영 회장은 새벽 4시면 일어나 하루 일과를 시작하는 것으로 유명했다. 성공하기 위해서가 아니고, 남을 이기기 위해서도 아니었다. 그는 자기가 해야 할 일들이 기다려져서 도저히 늦게까지 잠을 잘 수 없었을 뿐이었다.

나는 젊은 간부 여러분들이 성공을 추구하되 성공 지상주의에 빠지는 성공의 노예가 되지 말고 자기가 하는 일 자체와 그 과정을 즐기는 성공의 주인이 되기 바란다.